普通高等教育“十三五”重点规划教材

大学物理实验
——基础篇

主　编　张广斌　李香莲
参　编　徐文涛　孔　实　张　影
　　　　盛　伟　袁　婷　董大兴
　　　　王长顺　鲍军委

本书是在南京航空航天大学物理实验多年教学实践的基础上，依据教育部高等学校物理基础课程教学指导分委员会制定的《理工科类大学物理实验课程教学基本要求》（2010年版）编写而成的。教材编写的初衷是将高中物理实验和大学物理实验有效衔接，注重科学素质的培养、实验基础知识的学习和基础实验的训练，进一步缩小不同生源地学生之间的实验能力差距，提高后续实验课程的教学质量。本书分基础常识篇（包含绪论、物理实验基础理论和物理实验预备知识三章）和基础实验篇（共有12个实验）两部分。

本书可作为高等学校经管、数学、计算机、飞行员等专业大学物理实验课程的指导书，也可作为高等学校理工科各专业大学物理实验课程首个学期的实验参考书。

图书在版编目（CIP）数据

大学物理实验．基础篇/张广斌．李香莲主编．—北京：机械工业出版社，2018.1(2021.1重印)

普通高等教育“十三五”重点规划教材

ISBN 978-7-111-58860-3

Ⅰ．①大…　Ⅱ．①张…②李…　Ⅲ．①物理学－实验－高等学校－教材　Ⅳ．①O4-33

中国版本图书馆CIP数据核字（2017）第330889号

机械工业出版社（北京市百万庄大街22号　邮政编码100037）
策划编辑：张金奎　责任编辑：张金奎　陈崇昱
责任校对：肖　琳　封面设计：张　静
责任印制：常天培
固安县铭成印刷有限公司印刷
2021年1月第1版第2次印刷
184mm×260mm·8.5印张·206千字
标准书号：ISBN 978-7-111-58860-3
定价：29.80元

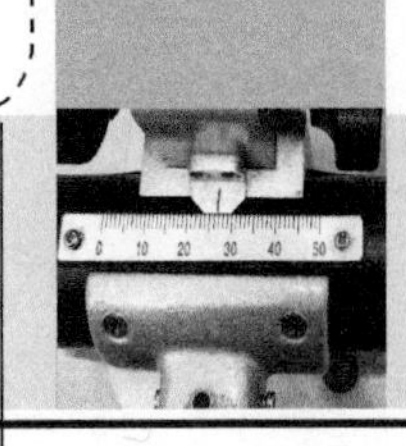

前 言

大学物理实验课程是高等学校理工科类专业的学生进行科学实验和基本训练的必修基础课程，也是学生进入大学后接触的第一门系统的实验课程，它在人才培养的过程中具有其他课程不可替代的重要作用。

近年来南京航空航天大学物理实验中心积极改革大学物理实验课程的教学内容和体系，为满足不同专业学生系统学习实验基本知识，提高自身科学实验能力和科学素质的需求，明确了分级教学要实现“课程分级、实验分类、教材分层”的实验教学改革思路。教材分层即将原有大学物理实验教材适当拆分，形成由基础常识篇到基础实验篇，由综合提高篇到设计探究篇的完备的实验教材分层体系。本书依据教育部高等学校物理基础课程教学指导分委员会制定的《理工科类大学物理实验课程教学基本要求》（2010 年版）编写而成，注重“两高”（高中和高校）实验课程的衔接，突出学生实验能力与科学素养的渐进式培养。

本书分为基础常识篇和基础实验篇两部分。基础常识篇包含绪论、物理实验基础理论和物理实验预备知识三章，第 1 章主要介绍了实验课的目的、任务以及大学物理实验课的教学流程。第 2 章系统地介绍了测量误差、不确定度和实验数据处理的基本知识。第 3 章简要介绍了基本仪器的构造原理与使用方法、基本调整与操作技术、基本测量方法等，供读者自学或查阅。基础实验篇包括力学、电学、热学及光学中的部分基础实验，共有 12 个实验。

参加本书编写的有：张广斌（内容简介、前言、绪论、第 1 章、第 2 章及参考文献），李香莲（第 3 章、实验 9、附录），孔实（实验 8），鲍军委（实验 12），董大兴（实验 3、实验 6），袁婷（实验 7），王长顺（实验 1、实验 4），徐文涛（实验 5、实验 10），张影（实验 11），盛伟（实验 2）。全书最后由张广斌和李香莲负责统稿。

本书是南京航空航天大学物理实验中心全体老师集体劳动的结晶，中心其他老师对教材的建设也提出了宝贵的意见，在此一并表示感谢。

我校物理实验采取开放式教学模式，物理实验中心的网址为：http：//phylab. nuaa. edu. cn。

在编写过程中，我们参考了国内的一些文献资料，这对于充实和丰富本书内容起了不小的作用，在此，我们谨向所有对本书做出贡献的同仁致以深深的谢意。

由于编者水平有限，书中难免有错误和疏漏之处，恳请读者批评指正。

编 者

2017 年 11 月

目 录

第1篇

基础常识篇

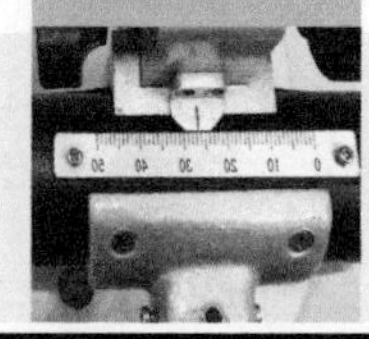

第 1 章

绪　　论

物理学是研究物质的基本结构、基本运动形式、相互作用及其转化规律的学科，物理现象的发现和解释、物理规律的揭示以及物理学理论的验证都以严密的实验事实为依据，并且依赖于实验的检验。

在物理学的建立和发展过程中，物理实验一直起着重要的作用，其实验思想、实验方法以及实验手段已经被普遍应用到其他科学领域，特别是各学科之间相互渗透，发展了许多交叉学科。物理实验的构思、方法和技术与化学、材料学、生物学、信息学、天文学等学科相互结合已经取得了丰硕的成果，而且必将发挥更大的作用。

1.1 大学物理实验课的目的与任务

大学物理实验课是本科生系统学习实验方法、接受实验技能训练的开端，是高等学校理工科类专业的学生进行科学实验和基本训练的必修基础课程，也是引导大学生步入科学实验殿堂的重要启蒙课程。

教学实验不同于科学实验，它以传授基础知识、培养和提高基本技能为目的，因此教学实验与科学实验在宗旨、内容和形式上有所区别。本课程的目的与任务如下：

（1）培养学生通过对物理实验现象的观测、分析以及对物理量的测量，学习运用理论指导实验、分析和解决实验中的问题，掌握物理实验基本知识、基本方法和基本技能。

（2）培养学生从事科学实验的初步能力，包括：能够通过阅读教材或资料概括出实验原理和方法的要点，做好实验前的准备工作；能够自己动手组建实验装置，正确使用基本实验仪器，掌握基本物理量的测量方法和实验操作技能；能够运用物理学原理对实验现象进行分析；能够正确记录和处理实验数据，分析实验结果和撰写实验报告；能够完成简单的设计性或研究性实验。

（3）培养学生的探索精神，创新精神以及严谨、细致、实事求是、一丝不苟的科学态度；培养与提高学生的自主学习能力和创新能力；培养学生遵守纪律、团结协作、爱护国家财产的优良品德。

1.2 实验的基本环节

1. 实验前的预习

实验前的预习是能否顺利进行实验的关键环节。因此，学生在预习时，要明确实验目的，了解实验仪器的作用和使用方法，掌握实验原理和实验方法。在明确实验任务的基础上，写出简单的预习报告。撰写预习报告，不是盲目地去抄写实验教材，而是一种提炼文字内容和要点的基本训练，上课时教师要检查实验预习情况，评定实验预习成绩。

预习报告的主要内容及预习要点

（1）实验目的：要明确本次实验所要达到的目的，既要知道实验要做什么，又要知道通过这个实验自己应学会什么。

（2）实验仪器：根据实验教材，初步了解实验仪器，通过预习知道自己需要使用哪些仪器，并对仪器的相关知识进行初步学习，特别是仪器的结构功能、操作要领、注意事项等。

（3）实验原理：在理解实验原理的基础上，用自己的语言简要叙述相关实验原理，列出本实验涉及的相关公式，对于关键公式的适用条件及每个量所表示的物理含义，都要有所说明；电学实验画出电路图，光学实验画出光路图，力学实验可画出示意图。

（4）了解实验内容：根据实验目的、仪器和实验原理，了解实验的操作步骤和实验注意事项。

（5）总结实验预习：尝试归纳总结实验中所体现的基本思想，自己在预习过程做了哪些工作，遇到了哪些问题，解决了哪些问题，怎么解决的，还有哪些问题不清楚，等等。

课前预习报告的撰写，一般要求写出实验目的、实验仪器和实验原理，特别要注意对实验原理部分的提炼。其他部分可在实验结束后，根据实验的具体要求补充完成。

设计性实验的预习

设计性实验项目除了做好一般实验项目的预习工作以外，还要做好下列预习工作。

（1）阐述实验原理，设计实验方案。

根据教材中的实验内容要求和实验原理的提示，认真查阅有关资料，详细写出实验原理和实验方案。

（2）选择测量仪器、测量方法和测量条件。

根据实验方案的要求，确定出使用什么样的实验仪器，采用什么样的测量方法，在什么样的条件下进行测量。选择测量方法时还要考虑到选用什么样的数据处理方法。

（3）确定实验过程，拟定实验步骤。

明确实验的整体过程，拟定出详细的实验步骤，列出实验的注意事项。

2. 实验操作

很多同学都有这样的感受，课前预习实验时，对于绝大多数的实验内容看不懂，特别是实验仪器的调节和使用，只有当仪器放在你面前的时候，对照着仪器再看教材上的仪器介绍，才能够学会该仪器的使用方法。所以要上好实验课，需抓住以下几个重要环节：

（1）认真听老师讲解实验的注意事项、实验原理、实验内容、实验操作的要领和实验的基本要求。

（2）动手实验之前，对照仪器认真阅读教材上的仪器介绍，正确掌握仪器的操作方法。

（3）在记录数据前，先观察实验所对应的实验现象或规律，确认无任何异常后，再开始记录数据。遇到问题应及时请教老师，不得擅自改动数据。

（4）实验完成后，请老师确认数据并签字，最后整理实验仪器。

此外，在实验过程中要遵守操作规程，注意安全。

3. 实验报告

实验报告是实验工作的最后环节，是整个实验工作的重要组成部分。学生通过撰写实验报告，可以锻炼科学技术报告的写作能力和总结工作的能力，这是未来从事任何工作都需要的能力。实验报告在预习报告的基础上补充完成，其基本内容如下。

（1）实验名称。

（2）实验者姓名、学号，课堂编号、实验座号，同组实验者，实验日期等。

（3）实验目的（同预习报告）。

（4）实验仪器（同预习报告）。

（5）实验原理（同预习报告）。

（6）实验步骤：按实际操作情况简明扼要地写出主要的实验操作步骤。

（7）实验数据记录：认真测量数据，按要求将原始数据记录在数据表格内。

（8）数据处理：首先应把实验原始数据整理到报告纸上，然后根据实验要求写出数据处理的主要过程，完成计算、作图、误差分析等，以醒目的方式完整地表示出实验结果。

（9）问题讨论：内容不限，如对物理现象、实验结论和误差来源进行分析，对实验方案提出改进建议，回答实验思考题，叙述实验收获和体会等。

1.3 实验室规则

（1）学生应在课表规定或预约的时间进入实验室，不得无故缺席或迟到。

（2）课前要认真做好预习，写出预习报告，经教师检查同意后方可进行实验。

（3）使用电源时，务必经过教师检查线路后才能接通电源。

（4）要细心观察仪器构造，谨慎操作，严格遵守操作规程及注意事项，不能擅自搬弄仪器，公用器具用完后应立即归还原处。

（5）保持实验室整洁、安静，做完实验，学生应将仪器整理还原，将桌面和凳子收拾整齐，原始测量数据经教师检查并签字后，方能离开实验室。

（6）实验报告应在实验后一周内交给指导教师。

第2章

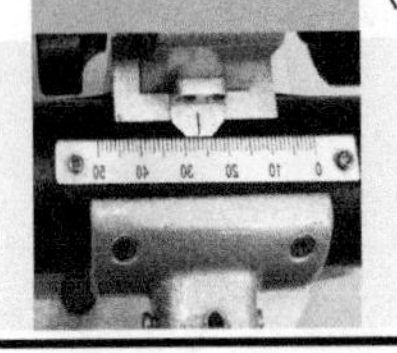

物理实验基础理论

测量、误差分析、不确定度计算及数据处理贯穿于实验的全过程，具体体现在实验前的实验设计与论证，实验过程中的仪器操作与数据测量，实验结束后的数据处理和结果分析。本章的主要内容是从大学物理实验教学的角度出发，介绍测量、误差分析、有效数字、不确定度计算、实验数据处理方法、实验测量结果不确定度的表示等方面的基础知识。这些基础知识不但在物理实验中能用到，而且是今后从事科学实验必须了解和掌握的。由于这部分内容涉及面广，深入的讨论需要掌握较多的数学知识和丰富的实践经验，因此不可能在一两次学习中掌握。同学们应当先对这些基础知识有一个初步的了解，然后再结合具体实验仔细阅读有关内容，进一步理解这些内容，并通过实际运用逐渐掌握。

2.1 物理量的测量

在人类的生产、生活和科学研究的过程中，经常需要对各种量（物理量、化学量等）进行测量，以获得客观事物的定量信息。物理实验不仅要定性地观察物理现象，通常还需要找出各种物理量之间的定量关系。任何一个物理量均有一个客观存在的量值，人们要想获取其量值大小的相关信息，就需要借助相关的测量工具和一定的测量方法对其进行测量。研究物理现象、了解物质特性、验证物理规律都离不开测量，测量是物理实验中极其重要的一个组成部分。

2.1.1 测量的基本概念

所谓测量，就是借助实验仪器，采用一定的实验方法，把待测物理量直接或间接地与选作计量标准的同类物理量进行直接或间接比较，获得测量结果的过程。

例如，用千分尺（螺旋测微器）测得金属丝的直径为0.615mm，用伏安法测得未知电阻的大小为100.0Ω。测量得到的实验数据应包含测量值的大小和单位，二者缺一不可。

2.1.2 测量的分类

在实验中会遇到各种类型的测量，可以从不同的角度对测量进行分类：按测量方法可分为直接测量和间接测量；按测量的条件可分为等精度测量和非等精度测量。

1. 直接测量和间接测量

（1）直接测量：用测量仪器或仪表与待测量进行比较，直接测出被测量结果的测量。例如，用米尺测量物体长度，用天平测量物体的质量等都是直接测量。

（2）间接测量：利用几个直接测量的量按照一定的函数关系得到待测量的大小。例如，通过测量体积和质量得到物体的密度，通过测量单摆的摆长和周期测定重力加速度等。

2. 等精度测量和非等精度测量

（1）等精度测量：在参与的四个基本要素（测量工具、测量人员、测量方法、测量环境）均不发生改变的条件下进行的多次重复测量。所得到的一组数据 x_1，x_2，x_3，…，x_n 称为测量列。多次重复测量过程中，测量的四个要素保持绝对不变是不可能的，所以说等精度测量是一个理想的概念。

（2）非等精度测量：在对同一物理量的测量过程中，由于仪器的不同、方法的差异、测量条件的改变以及测量者的原因而造成测量结果的变化，这样的测量称为非等精度测量。非等精度测量通常用在科学研究实验中，一般用来研究不同测量要素对测量结果的影响，以便探究原因，深入研究。

当某些条件的变化对测量结果影响不大或可以忽略时，可视为等精度测量。物理实验中要求多次重复的测量均指等精度测量，本书对测量误差与数据处理的讨论，都是以等精度测量为前提的。

2.2 误差理论

测量过程通常都是人在一定测量环境下，利用某种特定的测量仪器进行的经常性的科学实验研究工作。任何测量仪器、测量方法、测量环境、测量者的观察力等都不可能做到绝对严密，这就使测量不可避免地伴随着误差产生。因此，误差自始至终存在于一切科学实验和测量的过程之中。分析测量可能产生的各种误差，尽可能地消除其影响，并对测量结果中未能消除的误差做出估计，这些都是物理实验和许多科学实验必然涉及的问题，于是就有了误差理论和数据处理方法。

2.2.1 误差的基本概念

任何一个物理量在一定客观条件下（某一时刻、某一位置或某一状态），都存在着一个不以人的意志为转移的客观值，这个客观值称为该物理量的真值（记为 x_0）。被测量的真值是客观存在的，它是一个理想的概念，一般是不可知的。由于测量因素不同程度的影响，要想通过测量得到某些被测量的真值是不可能的，通过测量得到的只能是真值的最佳估计值或称测量值（记为 x）。有了真值的概念，我们就可以定义误差的概念了。

物理实验是以测量为基础的，由于实验原理、测量装置、实验条件、观测者等因素的影响，测量值与被测物理量的真值之间总会存在差值，这个差值就称为测量误差，并表示为

$$\Delta x = x - x_0 \tag{1-2-1}$$

又称为测量的绝对误差。绝对误差反映了测量值偏离真值的大小和方向。

在比较不同测量结果时，需要引入相对误差的概念。假设测得两物体长度分别为100mm 和 10mm，测量时的绝对误差均为 1mm，显然，两者绝对误差相等，但第一个测量结果要比第二个精确得多。于是，为了更准确地评价测量结果的优劣，将相对误差定义为绝对误差与真值的比值，并用百分数表示，即

$$E = \frac{\Delta x}{x_0} \times 100\% \quad (1\text{-}2\text{-}2)$$

2.2.2　误差的分类

根据误差的来源和性质可分为系统误差、随机误差和粗大误差。

1. 系统误差

系统误差是指在同一条件（方法、仪器、环境、人员）下，多次测量同一被测量的过程中，误差的大小和符号保持不变，或当条件改变时按某一规律变化的误差分量。

系统误差的主要来源有以下几方面：

（1）方法误差。由于实验原理或方法的近似性带来的误差，如用伏安法测电阻时没有考虑电表内阻的影响，用单摆测重力加速度时取 $\sin\theta \approx \theta$ 带来的误差等。

（2）仪器误差。由于仪器本身不完善而产生的误差，包括仪器的零值误差、示值误差、机构误差和测量附件误差等，如天平不等臂带来的误差。

（3）环境误差。由于实际环境条件与规定条件不一致引起的误差，如标准电池是以20℃时的电动势作为标称值的，若在30℃条件下使用，如不加以修正就引入了系统误差。

（4）人为误差。由于测量人员主观因素和操作技术所引入的误差。

系统误差又可以分为已定系统误差和未定系统误差。已定系统误差的符号和绝对值可以确定，未定系统误差的符号和绝对值不能确定，实验中常用估计误差限的方法得出。

大学物理实验要重视对系统误差的分析，尽量减小它对测量结果的影响，一般采用的方法是：① 对已定系统误差进行修正；②通过校准测量仪器、改进实验方案与实验装置、修正测量数据以及采用适当的测量方法（如交换法、补偿法、替换法、异号法等）予以减小或消除；③合理评定系统误差分量大致对应的 B 类不确定度。

2. 随机误差

在多次测量同一被测量的过程中，绝对值和符号以不可预知的方式变化着的误差分量称为随机误差。在采取措施消除或修正一切明显的系统误差之后，对被测量进行多次测量时，测量值仍会出现一些无规律的起伏，这是由于随机误差的存在造成的。随机误差是由实验中各种因素（如温度、湿度、气流、电源电压、杂散电磁场、震动等）的微小变动引起的，实验装置、测量机构在各次调整操作时的变动性，测量仪器示值的变动性，观察者本人在判断和估计读数上的变动性等也会带来随机误差。就某一测量而言，随机误差是没有规律的，当测量次数足够多时，随机误差服从统计分布规律，可以用统计学方法估算随机误差。

3. 粗大误差

明显歪曲测量值的误差称为粗大误差。这类误差是由于操作错误、读数错误、记录错误等原因造成的，即由于疏忽或失误造成的，所以也可叫过失误差。但有时尽管在测量过程中很细心，操作也很认真，也会因随机性的原因出现较大的误差。这种情况从概率论的观点来分析是可能的，即相对数值较大的误差出现的概率尽管很微小，但这并不等于绝对不能出现过失误差，从绝对数值上看，它远远大于在相近条件下一般系统误差值或随机误差值。因此，带有粗大误差的测量值与正常测量值相差较大，故称之为异常值或可疑值。

对粗大误差的处理，可以直接从测量数据中把它剔除。但对原因不明的可疑值，在处理时应采取慎重的态度，尽管它对测量的影响较大，但在不能判定为不可信时，绝不能按主观意愿轻易把它剔除，应当根据一定的准则来判断，最后才能决定是否把该数据剔除。

2.2.3 随机误差的处理

1. 随机误差的分布规律

统计理论和实验都证明，在绝大多数测量中，当重复测量次数足够多时，随机误差服从正态分布规律。若用 Δx 表示某一物理量测量值的随机误差，$p(\Delta x)$ 则为随机误差概率密度函数，其数学表达式为

$$p(\Delta x) = \frac{1}{\sigma\sqrt{2\pi}}e^{-(\Delta x)^2/(2\sigma^2)} \tag{1-2-3}$$

式中，$\sigma = \sqrt{\frac{1}{n}\sum_{i=1}^{n}(x_i - x_0)^2}$ 是测量的标准误差。

随机误差对个体来说，就是重复测量中的任何一次测量所产生的误差，是没有规律、不能控制的，用实验的办法也是无法消除的。但对总体，即经过多次测量得到的测量值而言，随机误差服从一定的统计规律（正态分布或高斯分布），因此，对随机误差可以采用概率统计的方法进行处理，即用特征量标准误差 σ 来表示。测量次数 n 越大，标准误差 σ 越小，亦即随机误差就越小，可见，随机误差与测量次数有关，增加测量次数可减小随机误差对测量结果的影响。

式（1-2-3）中，测量的标准误差 σ 是评定随机误差的基本指标，它的数值决定于测量工具、仪器仪表、测量环境、测量人员和被测对象等各项因素。对同一被测对象，测量系统（包括上述诸因素）确定后，标准误差 σ 的数值也随之确定。不同的测量系统（如采用其他标准器和其他仪器仪表；或改变测量环境；或采用其他测量方法等）则 σ 取值也不同。因此，在测量系统确定后，它的标准误差也就随之为确定的常数。此时，式（1-2-3）中唯有随机误差 Δx 一个变量，曲线唯一确定。显然，σ 不同，对应的曲线的形状也就不同，图1-2-1分别给出 $\sigma=0.5$，$\sigma=1$ 与 $\sigma=2$ 时的正态分布概率密度函数 $p(\Delta x)$ 分布曲线。由图可见，σ 值越小则正态分布曲线越陡，误差的分布趋于集中；σ 值越大则曲线越平缓，误差的分布趋于分散。

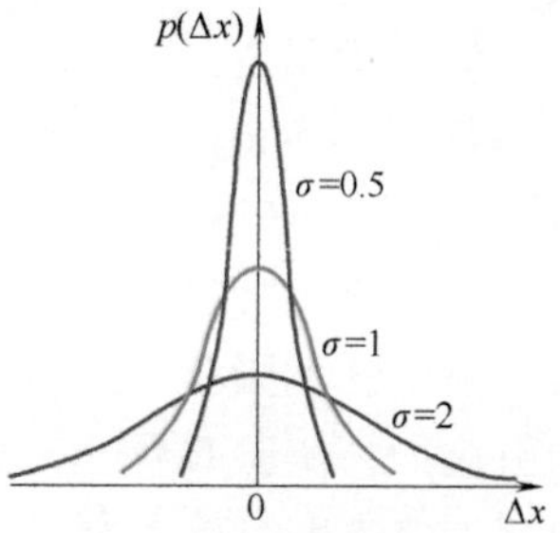

图1-2-1 随机误差的正态分布曲线

按照概率统计理论，对式（1-2-3）进行积分，可得

$$P = \int_{-\infty}^{+\infty} p(\Delta x)\mathrm{d}(\Delta x) = \int_{-\infty}^{+\infty} \frac{1}{\sigma\sqrt{2\pi}}e^{-\frac{(\Delta x)^2}{2\sigma^2}}\mathrm{d}(\Delta x) = 1 \tag{1-2-4}$$

它表示测量的随机误差落在（$-\infty$，$+\infty$）区间的概率为1，即概率密度分布曲线下方的面积为1。于是利用概率密度分布函数就可以计算某次测量的随机误差落在（$-\sigma$，$+\sigma$）区间的概率为

$$P_\sigma = \int_{-\sigma}^{+\sigma} p(\Delta x)\mathrm{d}(\Delta x) = 0.683 \tag{1-2-5}$$

同理，某次测量的随机误差落在（-2σ，$+2\sigma$）和（-3σ，$+3\sigma$）区间的概率分别为

$$P_{2\sigma} = \int_{-2\sigma}^{+2\sigma} p(\Delta x)\mathrm{d}(\Delta x) = 0.954 \tag{1-2-6}$$

$$P_{3\sigma} = \int_{-3\sigma}^{+3\sigma} p(\Delta x)\mathrm{d}(\Delta x) = 0.997 \tag{1-2-7}$$

用百分数表示则分别为68.3%、95.4%和99.7%，其所对应曲线下方的面积如图1-2-2所示。

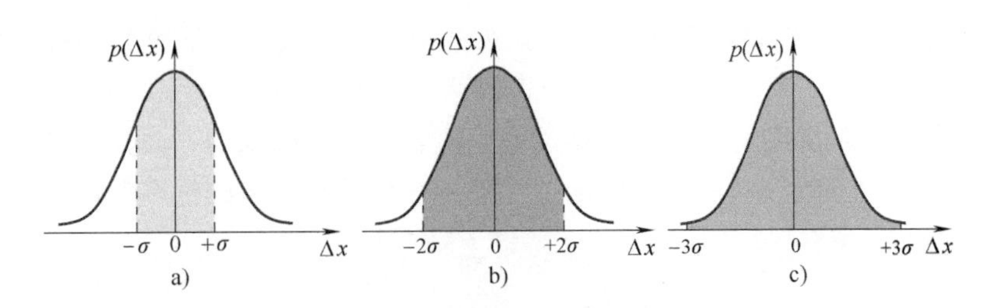

图1-2-2　误差落在某区间的概率

a) $P_{\sigma}=68.3\%$　b) $P_{2\sigma}=95.4\%$　c) $P_{3\sigma}=99.7\%$

综上所述，随机误差的特性可归纳为三个方面：具有随机性、产生在测量过程中、与测量次数有关，等精度条件下增加测量次数可减小随机误差对测量结果的影响。服从正态分布的随机误差具有以下特征：对称性，即绝对值相等的正误差和负误差出现的概率均等；单峰性，即绝对值小的误差出现的概率大，大的误差出现的概率很小；有界性，非常大的正或负的误差出现的概率几乎为零；抵偿性，随机误差的算术平均值随着测量次数的增加而越来越趋于零。

2. 真值的最佳值

在测量不可避免地存在随机误差的情况下，每次测量都有差异，那么接近真值的最佳值是什么呢?

我们可以利用随机误差的统计特性来判断实验结果的最佳值。

设对某一物理量进行了 n 次等精度测量，所得测量列为：x_1，x_2，x_3，…，x_n。测量结果的算术平均值为

$$\bar{x} = \frac{1}{n}\sum_{i=1}^{n} x_i$$

根据误差的定义有

$$\Delta x_i = x_i - x_0$$

$$\frac{1}{n}\sum_{i=1}^{n}\Delta x_i = \frac{1}{n}\sum_{i=1}^{n}(x_i - x_0) = \bar{x} - x_0$$

随着测量次数的增加，测量列的算术平均值越来越趋近于真值。

根据随机误差的抵偿性，当 $n\to\infty$ 时，$\frac{1}{n}\sum_{i=1}^{n}\Delta x_i \to 0$，因此$\bar{x}\to x_0$。

所以，测量列的算术平均值 $\bar{x}$ 是真值 x_0的最佳估计值。

3. 随机误差的估算——标准偏差

测量列的算术平均值可以通过计算得到，但在实际测量中，测量结果的随机误差究竟有多大？如何来估算呢?

算术平均值 $\bar{x}$ 是真值 x_0 的最佳估计值，我们把各次测量值与算术平均值之间的差值

（$\Delta x_i' = x_i - \bar{x}$）称为**偏差**。

当测量次数有限时，随机误差引起的测量值的离散性可用标准偏差 S_x 表示，它是标准误差 σ 的一个估算值。定义某测量列中测量值的标准偏差为

$$S_x = \sqrt{\frac{\sum_{i=1}^{n}(x_i - \bar{x})^2}{n-1}} \tag{1-2-8}$$

S_x 的统计意义：S_x 小，说明随机误差的分布范围窄，小误差占优势，各测量值的离散性小，重复性好。反之，S_x 大，各测量值的离散性大，重复性差。

一般情况下，在多次测量后，是以算术平均值表达测量结果的，而算术平均值本身也是随机量，也有一定的分散性，由误差理论可以证明，算数平均值的标准偏差为

$$S_{\bar{x}} = \frac{S_x}{\sqrt{n}} = \sqrt{\frac{\sum_{i=1}^{n}(x_i - \bar{x})^2}{n(n-1)}} \tag{1-2-9}$$

可以看出，算术平均值的标准偏差比任意一个测量值的标准偏差小，增加测量次数可以减小算术平均值的标准偏差，提高测量的精度和算术平均值的可靠性。但也并不是说测量次数越多越好，因为随着测量时间的延长，等精度测量的条件很难保持稳定，势必会带来其他测量误差。所以，在科学研究中测量次数一般取 10～20 次，而在物理实验教学中，通常取 6～10 次。

2.2.4 测量结果的评价

准确度、精密度和精确度是用来评价测量结果优劣的三个常用术语。

1. 准确度

反映测量结果中系统误差大小的术语。它是指在规定条件下，测量列的算术平均值与真值符合的程度，准确度越高，测量值越接近真值，系统误差就越小，但随机误差大小并不明确。

由于测量目的不同，对仪器准确程度的要求也不同。按国家规定，电气仪表的准确度等级 a 分为 0.1，0.2，0.5，1.0，1.5，2.5，5.0 共七级，在规定条件下使用时，其示值 x 的最大绝对误差为

$$\Delta x = \pm 量程 \times a\% \tag{1-2-10}$$

例如，0.5 级电压表量程为 3V 时，$\Delta U = \pm 3\text{V} \times 0.5\% = \pm 0.015\text{V}$。

对仪器准确度的选择要适当，在满足测量要求的前提下应尽量选择准确度等级较低的仪器。当待测物理量为间接测量时，各直接测量仪器准确度等级的选择，应根据误差合成和误差均分原理，视直接测量的误差对实验最终结果影响程度的大小而定，影响小的可选择准确度等级较低的仪器，否则应选择准确度等级较高的仪器。

2. 精密度

反映测量结果中随机误差大小的术语。它是指在规定条件下，测量列中的各个测量值之间的离散程度。精密度高，离散程度小，数据重复性好，随机误差小，但系统误差大小并不明确。

3. 精确度

反映测量结果中随机误差和系统误差的综合效果。它是指测量结果的重复性和接近真值

的程度。精确度高说明准确度和精密度都高。

打靶弹着点的分布情况可以形象说明准确度、精密度和精确度的关系，如图 1-2-3 所示。

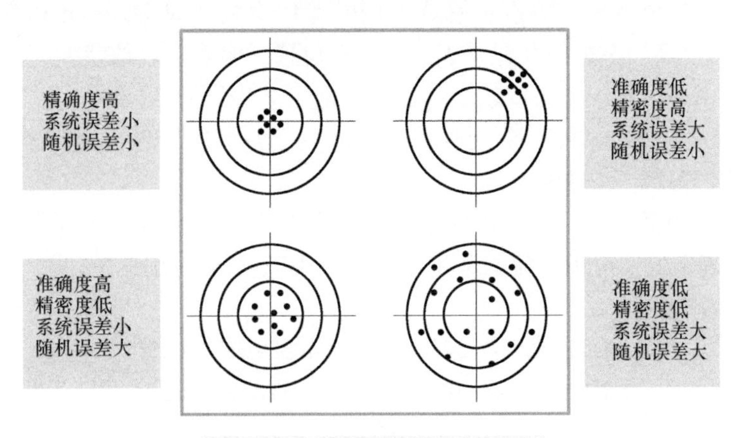

图 1-2-3　测量结果评价对比图

2.3 有效数字及运算规则

记录数据和处理数据是测量过程中的一个关键环节，直接测量的读数在数据记录时应取几位数字？间接测量中的数据运算应保留几位数字？这是实验数据处理中的重要问题，应该有一个明确的认识。

2.3.1　有效数字的概念

为了理解有效数字的概念，先举一个例子。用毫米分度的米尺测得某物体的长度为 74.5mm，其中 74 是直接读出来的，称为准确数字，而最后一位 5 是估读出来的，称为欠准确数字。

准确数字和欠准确数字的全体称为有效数字，有效数字的个数叫作有效数字的位数。因此，前述的 74.5mm 有三位有效数字。

在实际测量时，由于仪器种类多样，读数规则也略有区别，一般的读数方法可大致归纳如下：

（1）一般读数应在最小分度值下再估读一位，但不一定估计到最小分度值的 1/10，当仪表的分度较窄、指针较粗时，根据分度的数值可估读至 1/5 或 1/2 分度。

（2）对于数字式仪表及步进读数仪器（如电阻箱）不需要进行估读，所显示的数字末位就是欠准确数字。

（3）游标类量具只读到游标分度值，一般不估读。

（4）有时读数的估读位取在最小分度位。如仪器的最小分度值为 0.5，则 0.1，0.2，0.3，0.4 及 0.6，0.7，0.8，0.9 都是估读的，这类情况不必估读到下位。

（5）在刻度盘上读取最小分度的整刻度值时，则必须补“0”。例如，用毫米分度的钢直尺测出某物体的长度正好是 75mm 整，应该记录为 75.0mm，而不能写成 75mm。

有效数字位数越多，测量的准确度就越高。容易证明，有效数字多一位，相对误差 E

差不多要小一个数量级。

有效数字书写时应注意以下几点：

（1）有效数字的位数与小数点位置或采用的单位无关。如 74.5mm 和 0.0745m 都是三位有效数字，数字“7”左边的0只是表示小数点位置，而非有效数字。

（2）为便于书写，对于较大或较小的数值，常用 $\times 10^{\pm n}$ 的形式（n 为正整数）来表示，通常在小数点前只写一位有效数字。例如 $6371\text{km}=6.371\times 10^{6}\text{m}$，它们都表示有四位有效数字，但不能写成 $6371\text{km}=6371000\text{m}$。

（3）对于间接测量结果，其有效数字位数与参与运算的有效数字位数有关，在测量结果有效数字位数确定的情况下，尾数采用“四舍六入五凑偶”规则。

如取四位有效数字

$$4.32749\rightarrow 4.327 \qquad 4.32761\rightarrow 4.328$$
$$4.32750\rightarrow 4.328 \qquad 4.32850\rightarrow 4.328$$

2.3.2 有效数字的运算规则

间接测量的计算过程即为有效数字的运算过程。严格说来，间接测量值的有效数字位数应根据测量误差或不确定度来确定。但在不确定度估算之前，可根据下列运算规则进行粗略计算。有效数字运算取舍法则是：运算结果末位保留一位欠准确数字。需要注意，当一位准确数字和一位欠准确数字做运算时，其结果是欠准确数字。

1. 加减运算

几个数相加减时，计算结果的有效数字末位应与参与运算的各量中欠准确位数最靠前的末位对齐。

例如：

$$21\bar{7}+14.\bar{8}=23\bar{2} \quad 116.\bar{9}-1.65\bar{2}=115.\bar{2} \quad 97.\bar{4}+6.23\bar{8}=103.\bar{6}$$

式中，在数字上方加一短线的为欠准确数字。特别要注意：在相加的运算过程中可能会使有效数字位数增加，在相减的运算过程中可能会使有效数字位数减少。

2. 乘除运算

几个数相乘除时，计算结果的有效数字位数一般与参与运算的各量中有效数字位数最少的相同。

例如：

$$1.111\bar{1}\times 1.1\bar{1}=1.2\bar{3}$$

$$\begin{array}{cccccccc}
 & 1 & . & 1 & 1 & 1 & \bar{1} & & \\
\times & 1 & . & 1 & \bar{1} & & & & \\
\hline
 & & & & \bar{1} & \bar{1} & \bar{1} & \bar{1} & \bar{1} \\
 & & & 1 & 1 & 1 & 1 & \bar{1} & \\
 & 1 & & 1 & 1 & 1 & \bar{1} & & \\
\hline
 & 1 & . & 2 & \bar{3} & \bar{3} & \bar{3} & \bar{2} & \bar{1}
\end{array}$$

由此可知，如果间接测量是由几个直接测量值通过乘除运算得到，设计实验方案时应考虑各直接测量值的有效数字位数要基本相仿，否则精度过高的测量就失去意义了。

3. 乘方、立方、开方运算

运算结果的有效数字位数与底数的有效位数相同。

4. 指数、对数和三角函数运算

指数、对数、三角函数的运算，可由其改变量来确定。例如，实验中测得的角度为 20°6′，计算 sin20°6′ = ?

角度中的“6′”是欠准确数字，由计算器得到的运算结果为 sin20°6′ = 0.343659695…，sin20°7′ = 0.343932851…，两种结果在小数点后面第四位出现了差异，所以 sin20°6′ = 0.3436。

5. 常数

π、e、$\sqrt{2}$等常数的有效数字位数是无限的，应根据运算需要合理取值。一般情况下当常数参与加减运算时小数点后多取一位，当常数参与乘除运算时比参与运算的数据多取一位。例如：

$S=\pi r^2$，$r=6.042\text{cm}$，π 取为 3.1416，则 $S=3.1416\times6.042^2\text{cm}^2=114.7\text{cm}^2$。

$\theta=(129.3+\pi)\text{rad}$，π 取为 3.14，$\theta=(129.3+3.14)\text{rad}=132.4\text{rad}$。

采用有效数字运算规则，可以保证测量结果的准确度不因数字取舍不当而受到影响。必须指出，测量结果的有效数字位数多少取决于测量，而不取决于运算过程，因此在运算时，不要随意增加或减少有效数字位数，更不要认为算出结果的位数越多越好。

2.4 测量结果的不确定度评定

由于测量误差的存在，测量结果可以用真值的最佳估计值和用于表示该估计值近似程度的误差范围表示，这个用于定量评定测量结果质量的物理量就是不确定度。不确定度是反映实验结果可靠性的定量指标，引入不确定度可以对测量结果的准确程度做出科学合理的评价。

2.4.1 不确定度的概念

不确定度是指由于测量误差的存在而对被测量值不能肯定的程度，用符号 U 表示。通过不确定度可以对被测量的真值所处的量值范围做出评定，而被测量的真值将以一定的概率落在这个范围内。不确定度大小反映了测量结果可信程度的高低，不确定度越小，测量结果与被测量的真值越接近。

为了能更直观地反映测量结果的优劣，需要引入相对不确定度 E，即

$$E=\frac{U}{X}\times100\% \qquad (1\text{-}2\text{-}11)$$

2.4.2 直接测量结果的不确定度估算

不确定度按其数值的评定方法可归并为两类分量：即用统计方法评定的 A 类分量 U_A；用其他非统计方法评定的 B 类分量 U_B。

1. A 类分量

对于多次重复测量，用算术平均值 $\bar{x}$ 表示测量结果，用算术平均值的标准偏差［式 (1-2-9)］

来表征 A 类不确定度分量，即 $U_A = S_{\bar{x}}$

实际中，在只进行有限次测量时，随机误差并不完全服从正态分布规律，而是服从 t 分布（又称学生分布）规律。此时对随机误差的估计，要在式（1-2-9）的基础上乘上一个与 t 分布相关的修正因子，即

$$U_A = t \cdot S_{\bar{x}} = t\sqrt{\frac{\sum_{i=1}^{n}(x_i - \bar{x})^2}{n(n-1)}} \tag{1-2-12}$$

式中，t 为与测量次数 n 和置信概率 P 有关的量，可从表 1-2-1 中查得。

表 1-2-1　t 因子表

测量次数 n	2	3	4	5	6	7	8	9	10	15	20	∞
$t_{0.683}$	1.84	1.32	1.20	1.14	1.11	1.09	1.08	1.07	1.06	1.04	1.03	1.00
$t_{0.954}$	12.71	4.30	3.18	2.78	2.57	2.45	2.36	2.31	2.26	2.15	2.09	1.96
$t_{0.997}$	63.66	9.93	5.58	4.60	4.03	3.71	3.50	3.36	3.25	2.98	2.86	2.58

从上表可以看出，当测量次数是 5 次以上时，对应置信概率是 68.3% 的 t 因子，$t_{0.683} \approx 1$。所以在实验中当测量次数在 5 次以上时，式（1-2-12）可简化为

$$U_A = S_{\bar{x}} \tag{1-2-13}$$

2. B 类分量

B 类不确定度的来源一般应包含以下三种：仪器误差、估读误差和灵敏度误差。物理实验中一般只考虑仪器误差所带来的总不确定度的 B 类分量。仪器误差是指误差限，即在正确使用仪器的条件下，测量结果与真值之间可能产生的最大误差，用 $\Delta_{仪}$ 表示。物理实验常用仪器的仪器误差见表 1-2-2。在仅考虑仪器误差的情况下，B 类分量的 U_B 为

$$U_B = \frac{\Delta_{仪}}{C} \tag{1-2-14}$$

式中，C 为置信因子，它是一个与仪器误差在 $[-\Delta_{仪}, \Delta_{仪}]$ 范围内的概率分布有关的常数。当置信概率 $P = 68.3\%$ 时，对应的仪器误差如果服从正态分布、均匀分布和三角分布三者之一，则相应的 C 分别取 3、$\sqrt{3}$ 或 $\sqrt{6}$。若仪器说明书上未明确说明仪器误差的概率分布时，可按均匀分布处理，即

$$U_B = \frac{\Delta_{仪}}{\sqrt{3}} \tag{1-2-15}$$

3. 总不确定度的合成

总不确定度由 A 类分量和 B 类分量按“方、和、根”的方法合成，即

$$U = \sqrt{U_A^2 + U_B^2} \tag{1-2-16}$$

上式中，由于 A 类分量是由标准偏差表示的，所以上述不确定度称为合成标准不确定度，其置信概率为 68.3%。

表 1-2-2　物理实验常用仪器的仪器误差

仪器名称	量　程	分度值（准确度等级）	仪器误差
钢直尺	0～300mm	1mm	±0.1mm
钢卷尺	0～1000mm	1mm	±0.5mm
游标卡尺	0～300mm	0.02mm，0.05mm，0.1mm	分度值
螺旋测微器（一级）	0～100mm	0.01mm	±0.004mm
TW-1 型物理天平	1000g	100mg	±50mg
WL-1 型物理天平	1000g	50mg	±50mg
TG928A 型矿山天平	200g	10mg	±5mg
水银温度计	-30～300℃	0.2℃，0.1℃	分度值
读数显微镜	—	0.01mm	±0.004mm
数字式测量仪器	—	—	最末一位的一个单位或按仪器说明估算
指针式电表	—	a=0.1，0.2，0.5，1.0，1.5，2.5，5.0	±量程×a%

4. 单次测量的不确定度

在实验中，有的被测量因为各种原因只能测量一次。例如，有些物理量是随时间变化的，无法进行重复测量。有些量因为对它的测量精度要求不高，没有必要进行重复测量，或因估算出的 U_A 对实验的最后结果影响甚小，这时的不确定度估算只能根据仪器误差、测量方法、实验条件以及操作者技术水平等实际情况进行合理估计。

约定用仪器误差或其数倍作为单次直接测量的不确定度的估计值。当取 $U=\Delta_{仪}$ 时，并不意味着只测一次时的 U 值比多次测量时的值小，只能说明 $\Delta_{仪}$ 和用 $\sqrt{U_A^2+U_B^2}$ 估算出的结果相差不大。

2.4.3　误差传递及间接测量结果的不确定度合成

直接测量的结果有误差，所以由直接测量值经过函数运算而得到的间接测量的结果也会有误差，这就是误差的传递。

设间接测量量 N 与各独立的直接测量量 $x,y,z,\cdots$ 的函数关系为

$$N=f(x,y,z,\cdots) \tag{1-2-17}$$

在对各直接测量量 $x,y,z,\cdots$ 进行有限次测量的情况下，将各直接测量量的最佳值代入上式，即得到间接测量（最佳）值。

设 $x,y,z,\cdots$ 的不确定度分别为 U_x，U_y，U_z，…，它们必然会影响间接测量的结果，使 N 值也有相应的不确定度 U_N。由于不确定度都是微小的量，相当于数学中的“增量”，所以只要用不确定度 U_x、U_y 等替代微分 $\mathrm{d}x$、$\mathrm{d}y$ 等，再采用某种合成方法，就可得到不确定度传递公式。一般是用“方、和、根”形式合成。因此，间接测量的不确定度计算公式与数学中的全微分公式基本相同。当函数表达式仅为“和差”形式时，可用式（1-2-18）计算：

$$U_N=\sqrt{\left(\frac{\partial f}{\partial x}\right)^2U_x^2+\left(\frac{\partial f}{\partial y}\right)^2U_y^2+\left(\frac{\partial f}{\partial z}\right)^2U_z^2+\cdots} \tag{1-2-18}$$

当函数表达式为“积和商（或积商和差混合）”形式时，应先对间接测量量 $N=f(x,y,z,\cdots)$ 函数式两边取自然对数，再求全微分可得到计算相对不确定度的公式如下：

$$E_N=\frac{U_N}{N}=\sqrt{\left(\frac{\partial \ln f}{\partial x}\right)^2U_x^2+\left(\frac{\partial \ln f}{\partial y}\right)^2U_y^2+\left(\frac{\partial \ln f}{\partial z}\right)^2U_z^2+\cdots}\qquad(1\text{-}2\text{-}19)$$

已知 E_N 和 N 可以求出合成不确定度

$$U_N=N\cdot E_N\qquad(1\text{-}2\text{-}20)$$

式（1-2-18）和式（1-2-19）还常被用来分析各直接测量量的误差对最后结果误差的影响大小，从而为设计或改进实验方案、选择测量仪器等提供重要依据。

2.4.4 测量结果的表示

一个完整的测量结果不仅要给出该量值的数值和单位，同时还要给出它的不确定度。若被测量的量值为 X、总不确定度为 U，则测量结果应表示成

$$x=X\pm U(\text{单位})\quad(P=68.3\%)\qquad(1\text{-}2\text{-}21)$$

该式表明被测量的真值将以 68.3% 的概率落在区间 $[X-U,\ X+U]$ 内。

对于式（1-2-21）中的测量值和不确定度的有效数字应注意以下几点：

（1）严格来说，利用有效数字运算规则计算测量值仅是一个粗略估算，其有效数字位数应由不确定度决定。

（2）不确定度本身只是一个估计值，一般取一位有效数字，当不确定度值的首位有效数字是 1 和 2 时可取两位，尾数采用“只进不舍，非零进一”的原则。

（3）表示测量值的有效数字尾数与不确定度的尾数要对齐。

【例 1-2-1】 用天平（仪器误差 $\Delta_{仪}=0.02\text{g}$）测量物体质量 m，共测 9 次，测量数据如表 1-2-3 所示：

表 1-2-3

i	1	2	3	4	5	6	7	8	9
m_i/g	18.79	18.72	18.75	18.71	18.74	18.73	18.78	18.76	18.77

求出测量结果。

【解】 1）求平均值

$$\overline{m}=\frac{1}{9}\sum_{i=1}^{9}m_i=\frac{1}{9}(18.79+18.72+\cdots+18.77)\text{g}=18.75\text{g}$$

2）A 类不确定度（$n=9$，查表 1-2-1，得 $t=1.07$）

$$U_A=t\cdot S_{\overline{m}}=t\cdot\sqrt{\frac{1}{n(n-1)}\sum_{i=1}^{9}(m_i-\overline{m})^2}$$

$$=1.07\times\sqrt{\frac{1}{9\times8}[(18.79-18.75)^2+(18.72-18.75)^2+\cdots+(18.77-18.75)^2]}\text{ g}=0.010\text{g}$$

3）B 类不确定度

$$U_B=\frac{\Delta_{仪}}{\sqrt{3}}=0.012\text{g}$$

4）合成不确定度

$$U_m = \sqrt{U_A^2 + U_B^2} = \sqrt{0.010^2 + 0.012^2}\ \text{g} = 0.016\text{g}$$

5）测量结果表示为

$$m = (18.75 \pm 0.02)\text{g} \quad (P = 68.3\%)$$

计算结果表明，m 的真值以 68.3% 的置信概率落在［18.73g，18.77g］内。

【例 1-2-2】 已知某铜环的外径 $D = (2.995 \pm 0.006)\text{cm}$，内径 $d = (0.997 \pm 0.003)\text{cm}$，高度 $H = (0.9516 \pm 0.0005)\text{cm}$，求该铜环的体积及其不确定度，并写出测量结果。

【解】 $V = \frac{\pi}{4}(D^2 - d^2)H = \frac{3.1416}{4}[(2.995^2 - 0.997^2) \times 0.9516]\text{cm}^3 = 5.961\text{cm}^3$

$$\ln V = \ln\frac{\pi}{4} + \ln(D^2 - d^2) + \ln H$$

$$\frac{\partial \ln V}{\partial D} = \frac{2D}{D^2 - d^2},\quad \frac{\partial \ln V}{\partial d} = -\frac{2d}{D^2 - d^2},\quad \frac{\partial \ln V}{\partial H} = \frac{1}{H}$$

$$\frac{U_V}{V} = \sqrt{\left(\frac{2D}{D^2 - d^2}\right)^2 U_D^2 + \left(-\frac{2d}{D^2 - d^2}\right)^2 U_d^2 + \left(\frac{1}{H}\right)^2 U_H^2}$$

$$= \sqrt{\left(\frac{2 \times 2.995 \times 0.006}{2.995^2 - 0.997^2}\right)^2 + \left(\frac{2 \times 0.997 \times 0.003}{2.995^2 - 0.997^2}\right)^2 + \left(\frac{0.0005}{0.9516}\right)^2}$$

$$= 0.0046$$

$$U_V = 0.0046 \times V = 0.0046 \times 5.961\text{cm}^3 = 0.027\text{cm}^3$$

所以

$$V = (5.961 \pm 0.027)\text{cm}^3$$

2.5 实验数据处理基本方法

数据处理是指从获得数据开始到得出最后结论的一系列环节，包括数据记录、整理、计算、分析和绘制图表等。这里仅介绍一些基本的数据处理方法。

2.5.1 列表法

列表是有序记录原始数据的必要手段，也是用实验数据显示函数关系的原始方法。将数据按一定的规律列成表格使得数据表达清晰、条理化，易于检查数据和发现问题，有助于分析物理量之间的相互关系和规律。

在设计表格时要注意以下几点：

（1）表格的上方要写明表格的名称。

（2）各栏目均应注明所记录的物理量的名称（符号）、单位和量值的数量级。

（3）栏目的顺序应充分注意数据间的联系和计算顺序，力求简明、齐全、有条理。

（4）表中的原始测量数据应正确反映有效数字，数据不应随意涂改，确实要修改数据时，应将原来数据划一条斜杠以供备查，把修正的数据写在旁边。

2.5.2 图示法和图解法

图线不仅能够直观地显示物理量之间相互的关系、变化趋势，而且还能够从中找出变量的极值、转折点、周期性和某些奇异值等。如果通过内插法或外推法，可以从图线上直接读出没有进行观测的点的数值。

由于直线最易描绘，且直线方程的两个参数（斜率和截距）也较易算得，所以对于两个变量之间的函数关系是非线性的情形，在用图解法时应尽可能通过变量代换将非线性的函数转变为线性函数。例如，对于 $y=ax^b$（a 和 b 为常数），等式两边取对数得 $\lg y=\lg a+b\lg x$，于是，$\lg y$ 与 $\lg x$ 为线性关系，b 为斜率，$\lg a$ 为截距。

图示和图解法的基本步骤和规则如下。

（1）选择坐标纸。常用坐标纸有直角坐标纸（即毫米方格纸）、对数坐标纸、半对数坐标纸和极坐标纸等。一般图上最小分格对应测量数据的最后一位可靠数字，即坐标轴上的最小分度（1mm）对应于实验数据的最后一位准确数字。

（2）确定坐标轴、比例和分度。通常横坐标表示自变量，纵坐标表示因变量，用粗实线在坐标纸上描出坐标轴。一个坐标轴应包括四个要素：物理量的名称（符号）、单位、轴的方向及等间隔标注的分度值。坐标轴的起点一般不从零开始，用略小于实验数据最小值的某一整齐数作为起点，略大于实验数据最大值的某一整齐数作为终点。

坐标比例是指坐标轴上单位长度（通常为 1cm）所代表的物理量大小。为了便于读数和防止损失有效数字位数，应该选每厘米代表“1”“2”“5”及其倍率的比例，切勿采用“3”“7”“9”等的比例。通过选取合适的比例和坐标轴起点，使画出的曲线尽量充满图纸。

比例确定后应对坐标轴进行分度，即在坐标轴上均匀地（一般每隔 2cm）标出所代表物理量的整齐数值，不要标注实验测量数据。

（3）描点。用直尺和笔尖清楚地将实验数据点准确地用“+”号标在图纸上。若在同一张图纸上要同时画出几条实验曲线，则各条曲线的实验数据点应该用不同符号（如 ×、⊙等）标出，以示区别。

（4）连线。使用曲线板或透明直尺将实验数据点拟合成光滑的曲线或直线（若是校准曲线应连成折线）。图线不一定要通过所有实验数据点，但实验点应均匀分布在图线两侧，且离图线距离尽可能小。对于个别偏离曲线较远的点，应检查标点是否错误，若属错误数据，在连线时不予考虑。

（5）图注与说明。在图纸的明显位置写明图线的名称、比例、必要的说明（主要指实验条件、数据来源）、作者及日期等。

（6）图解法求经验公式。根据已画好的图线，用数学知识求出待定常数，得到曲线方程或经验公式即为图解法。当函数关系为线性关系时，步骤如下：

第一，取点。在直线上靠近实验数据两端点的内侧取两点 $A(x_1, y_1)$、$B(x_2, y_2)$，并用不同于实验点的符号标明，注明其坐标值（注意有效数字）。

第二，求斜率和截距。设直线方程为 $y=a+bx$，则

$$b=\frac{y_2-y_1}{x_2-x_1}$$

$$a=\frac{x_2y_1-x_1y_2}{x_2-x_1}$$

注意：解析点不能采用测量数据点，斜率不能用纵坐标和横坐标的几何长度比值求出！

【例 1-2-3】 金属电阻与温度的关系可以近似表示为 $R=R_0(1+\alpha t)$，R_0 为 $t=0$℃时的

电阻，α 为电阻的温度系数。实验数据见表 1-2-4，试用图解法建立电阻与温度关系的经验公式。

表 1-2-4

i	1	2	3	4	5	6	7
t/℃	10.5	26.0	38.3	51.0	62.8	75.5	85.7
R/Ω	10.423	10.892	11.201	11.586	12.025	12.344	12.679

【解】　比例选择：$\frac{90.0-10.0}{17}=4.7$，故取为 5.0℃/cm；$\frac{12.800-10.400}{25}=0.096$，故取为 0.100Ω/cm。所绘图线如图 1-2-4 所示。

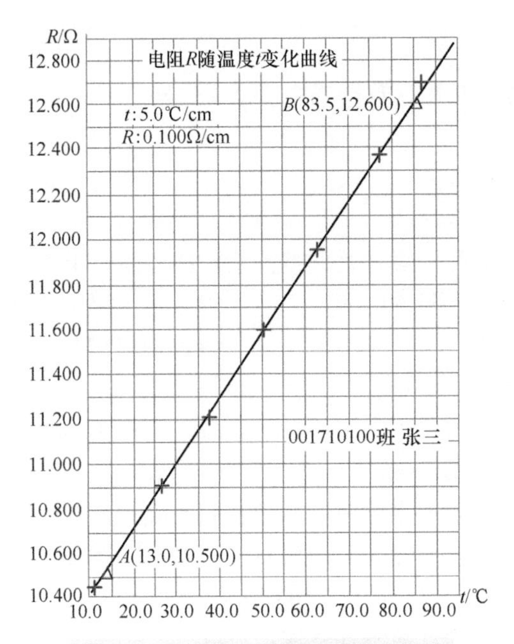

图 1-2-4　金属电阻与温度关系曲线

在图线上取两点 A（13.0，10.500）和 B（83.5，12.600），斜率和截距计算如下：

$$b=\frac{y_B-y_A}{x_B-x_A}=\frac{12.600-10.500}{83.5-13.0}\Omega/℃=\frac{2.100}{70.5}\Omega/℃=0.0298\Omega/℃$$

$$R_0=R_1-bt_1=(10.500-0.0298\times 13.0)\Omega=(10.500-0.387)\Omega=10.113\Omega$$

$$\alpha=\frac{b}{R_0}=\frac{0.0298}{10.113}/℃=2.95\times 10^{-3}/℃$$

所以，铜丝电阻与温度的经验公式为

$$R=10.113(1+2.95\times 10^{-3}t)\ (\Omega)$$

2.5.3　逐差法

当因变量和自变量之间存在线性关系，且自变量为等间距变化的情况下，逐差法既能充分利用实验数据，又具有减小随机误差的效果。具体做法是将测量得到的偶数组数据分成前后两组，将对应项分别相减，然后再求平均值。举例说明如下：

在弹性限度内弹簧的伸长量 x 与所受的载荷（拉力）F 满足线性关系 $F=kx$，等差地改变载荷，测得一组实验数据（见表1-2-5）。

表 1-2-5

砝码质量/kg	1.000	2.000	3.000	4.000	5.000	6.000	7.000	8.000
弹簧伸长位置/cm	x_1	x_2	x_3	x_4	x_5	x_6	x_7	x_8

求每增加1kg砝码弹簧的平均伸长量 Δx。

将上述数据分成前后两组，前一组（x_1,x_2,x_3,x_4），后一组（x_5,x_6,x_7,x_8），然后对应项相减求平均，即

$$\Delta x=\frac{1}{4\times 4}[(x_5-x_1)+(x_6-x_2)+(x_7-x_3)+(x_8-x_4)]$$

逐差法计算简便，能及时发现数据规律或错误数据。

练习题

1. 试判断下列测量是直接测量还是间接测量？你还能举出哪些例子？

（1）用电流表测量通过电阻的电流；（2）用天平称物体质量；

（3）用伏安法测量电阻；（4）用单摆测量重力加速度。

2. 试比较下列测量量的优劣：

（1）$x_1=(55.98\pm 0.03)\text{mm}$；（2）$x_2=(0.488\pm 0.004)\text{mm}$；

（3）$x_3=(0.0098\pm 0.0012)\text{mm}$；（4）$x_4=(1.98\pm 0.05)\text{mm}$。

3. 指出下列各数据的有效数字位数，并把它们取成三位有效数字。

（1）2.0351；（2）0.83549；（3）12.052；

（4）3.14159；（5）0.002005；（6）4.5254。

4. 根据有效数字运算规则计算下列各题：

（1）$\dfrac{76.013}{40.03-2.0}$；（2）$\dfrac{50.00\times(18.30-16.3)}{(103-3.0)(1.00+0.001)}$；

（3）$\dfrac{25^2+493.0}{\ln 406.0}$；（4）$\dfrac{\sin\frac{1}{2}(60°2'+51°20')}{\sin 30°1'}$。

5. 某长度的测量结果写成

$$L=(25.78\pm 0.05)\text{mm}\qquad (P=68.3\%)$$

下列叙述中哪个是正确的？

（1）待测长度的真值是25.73mm或25.83mm；

（2）待测长度的真值在25.73mm～25.83mm之间；

（3）待测长度的真值在25.73mm～25.83mm之间的概率为68.3%。

6. 用钢板尺对一长度进行多次等精度测量，测量结果为

次数 n	1	2	3	4	5	6
L/mm	10.2	9.8	10.5	9.9	10.1	9.8

若钢板尺的仪器误差为 0.5mm，请写出测量结果的表达式。

7. 改正下列错误，并写出正确答案：

（1）0.10860 的有效数字为六位；

（2）$P=(31690\pm300)\text{kg}$；

（3）$d=(10.8135\pm0.0176)\text{cm}$；

（4）$E=(1.98\times10^{11}\pm3.27\times10^{9})\text{N/m}^2$；

（5）$g=(9.795\pm0.0036)\text{m/s}^2$；

（6）$R=6371\text{km}=6371000\text{m}=637100000\text{cm}$。

8. 试推导下列间接测量量的不确定度合成公式：

（1）$f=\dfrac{uv}{u+v}$；　　（2）$f=\dfrac{D^2-L^2}{4D}$；　　（3）$n=\dfrac{\sin\dfrac{1}{2}(\alpha+\delta)}{\sin\dfrac{\alpha}{2}}$。

9. 在用拉伸法测量金属丝弹性模量的实验中，已知望远镜中看到的标尺的读数 x 与钢丝所受到的作用力 F 之间满足线性关系 $F=kx$，式中的 k 是比例常数。实验中每个砝码的质量为 1.00kg，实验数据如下表所示。

i	1	2	3	4	5	6	7	8	9	10
砝码质量/kg	1.00	2.00	3.00	4.00	5.00	6.00	7.00	8.00	9.00	10.00
标尺读数 x_i/cm	15.95	16.55	17.18	17.80	18.40	19.02	19.63	20.22	20.84	21.47

试用逐差法计算砝码质量每变化 1.00kg 时标尺读数的平均变化量。

10. 一定质量的气体，当体积一定时压强与温度的关系为 $p=p_0(1+\beta t)$（SI 单位），通过实验测得一组数据如下表所示：

i	1	2	3	4	5	6	7
t/℃	7.5	16.0	23.5	30.5	38.0	47.0	54.5
p/Pa	0.98×10^5	1.02×10^5	1.03×0^5	1.07×10^5	1.09×10^5	1.12×10^5	1.15×10^5

试用作图法求出 p_0 和 β，并写出经验公式。

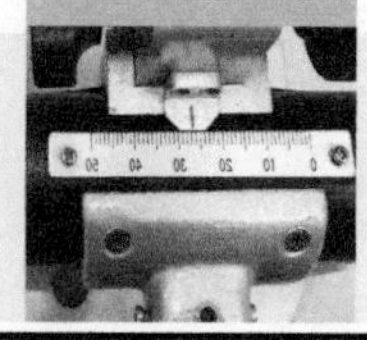

第3章 物理实验预备知识

3.1 基本物理量的测量

物理实验需要定量研究物理量之间的关系。在实验方法确定后，必须选择恰当的仪器进行测量。了解常用仪器的性能，学会使用这些仪器是实验教学的基本要求之一。物理实验仪器的种类很多，涉及力学、热学、电磁学及光学等各种类型，本节列出的是一些最基本、最常用的仪器，其他仪器将在具体实验中介绍。

3.1.1 力学基本仪器

力学中的三个基本物理量是长度、质量和时间，常用的仪器有游标卡尺、螺旋测微器（千分尺）、天平及秒表等。

1. 游标卡尺

游标卡尺的结构如图1-3-1所示。由尺身（主尺）和可以沿尺身滑动的游标（副尺）构成，借助游标可以比较准确地对尺身最小刻度后的读数进行估计。游标卡尺的外测量爪用来测量厚度和外径，内测量爪用来测量内径，深度尺用来测量槽的深度，紧固螺钉用来固定游标位置。

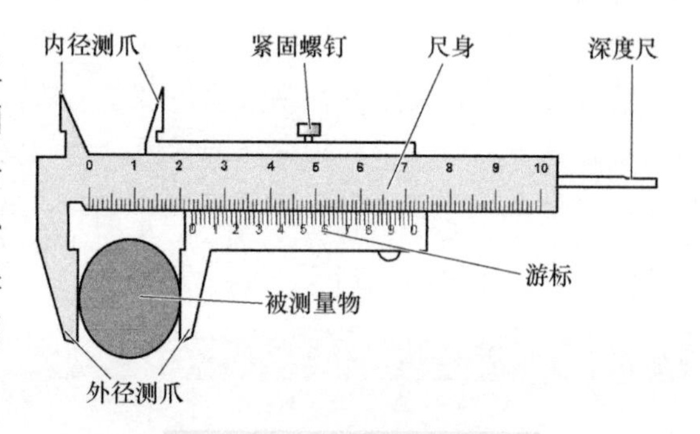

图1-3-1 游标卡尺结构图

测量原理是游标上 m 个分度格总长与尺身上（$m-1$）个分度格的长度相等。设尺身最小分度值 a，游标最小分度值 b，则有 $mb=(m-1)a$。因此求得尺身、游标每个分度之差 δ 为

$$\delta = a - b = \frac{a}{m}$$

δ 称为游标的精度，它是游标卡尺能读准的最小值，也就是游标卡尺的最小分度值。如图1-3-2所示，若尺身的最小分度值为1mm，当游标分度格数为10、20、50时，分别称为10分游标尺、20分游标尺、50分游标尺，相应的精度 δ 分别为0.1mm、0.05mm和0.02mm。

游标卡尺的读数表示的是游标的零刻度线与尺身零刻度线之间的距离，用游标卡尺测量

长度L的一般表达式为

$$L = ka + n\delta$$

式中，k是游标“0”刻度线在尺身位置上的整毫米数；a是尺身的最小分度值；n指游标上的第n条线与尺身的某一条线对齐的值；δ是游标卡尺的精度。

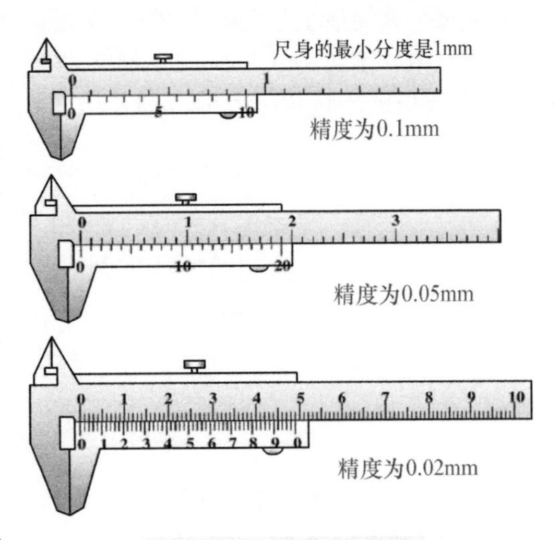

图1-3-2　游标卡尺种类

现以精度为0.05mm的游标卡尺为例，如图1-3-3所示，游标“0”刻度线在尺身位置的读数为3.0mm，游标上的第6条线与尺身上的刻线对齐，则整个读数应为3.0mm + 6 × 0.05mm = 3.30mm。

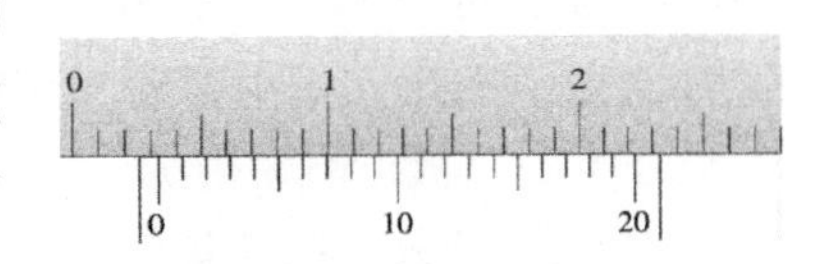

图1-3-3　游标卡尺读数

2. 螺旋测微器

螺旋测微器也称千分尺，是比游标卡尺更精密的长度测量仪器。实验室常用的螺旋测微器如图1-3-4所示，它的主要结构是一个微动螺旋杆和与之配套的固定套筒。螺杆旋转一周，可沿轴线前进或后退一个螺距0.5mm，螺杆外部附有一个微分套筒（活动套筒），其圆周上刻有50分度，套筒每转一个分度，螺杆移动距离为0.5mm/50 = 0.01mm，即螺旋测微器的分度值为0.01mm。

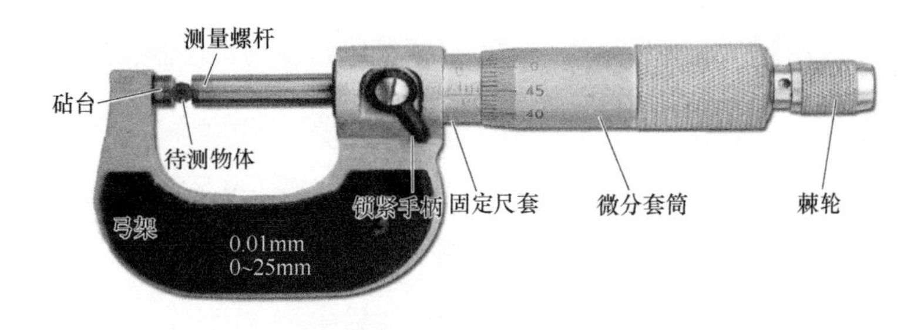

图1-3-4　螺旋测微器

使用方法如下：

（1）转动棘轮，使测量螺杆与测量砧台刚好接触，并听到“咯、咯、咯”三次响声，即停止转动棘轮，理想状态下微分筒锥面的端面应与固定套管上零刻线对齐，同时微分筒上的零线也应与固定套管上的水平准线对齐，这时的读数是0.000mm，如图1-3-5a所示。

（2）测量物体时，应先将测微螺杆退开，把待测物体放在测量面之间，并靠近砧台，然后转动微分套筒，当测微螺杆的测量面接近待测物体时，轻转棘轮直到听到“咯、咯”的声音立即停止转动，此时测量的松紧程度刚好（过紧会使得测量值偏小、过松又会使得测量值偏大）。在固定尺套的标尺上和微分套筒锥面上的读数就是待测物体的长度，如图1-3-5b、c所示，注意在固定尺套水平准线上面的刻线表示mm，下面的刻线表示0.5mm。读数时，应从标尺上读整数部分，再看0.5mm刻线是否出现，从微分套筒上读小数部分

（估计到微分套筒最小分度的1/10），然后两者相加。例如，图1-3-5b中的读数是5.383mm；图1-3-5c中的读数是5.883mm。两者的差别就在于微分套筒端面的位置，前者没有超过5.5mm，而后者则是超过了5.5mm。

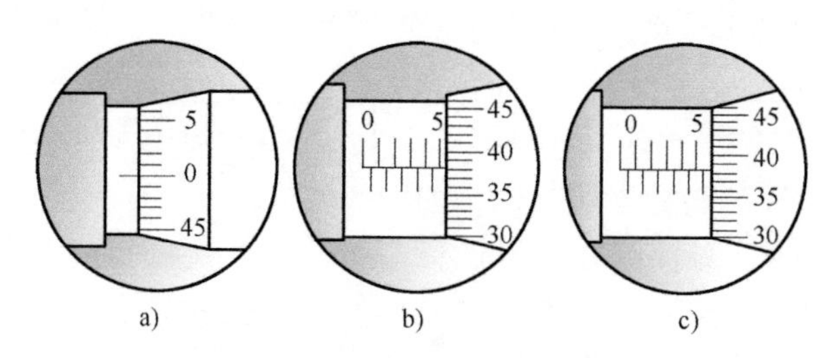

图1-3-5　螺旋测微器的读数

（3）由于长时间的使用或者由于操作者使用不当（经常旋转得过紧或者外旋时尺已经到头却还继续旋转等），而使得零线与水平准线并不对齐，如图1-3-6a、b所示，因此在测量前需要对螺旋测微器的零位点进行修正。在图1-3-6a中零位初读数为-0.011mm，在图1-3-6b中为$+0.016$mm，注意它们的正、负号不同。修正的原则是

测量结果=测量读数值-零位初读数

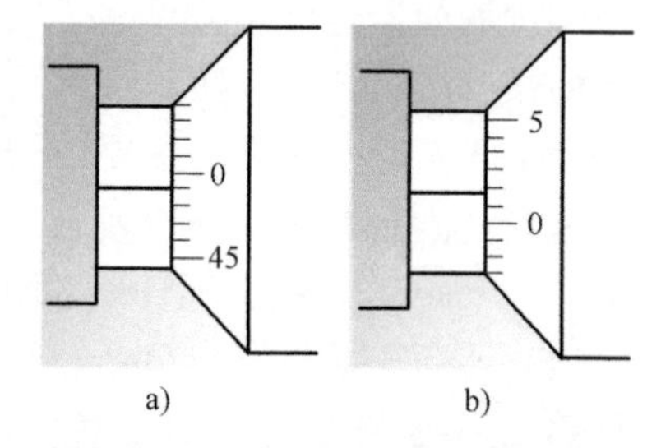

图1-3-6　螺旋测微器的零点修正

另外还需注意，螺旋测微器用完后应使测微螺杆与砧台之间留有一定的间隙，避免热胀时损坏测量轴上的精密螺纹。

实验中还经常会用到光学测微目镜、读数显微镜等精密测长仪器，其读数刻度的设计原理与螺旋测微器相同，请读者参阅有关实验。

3. 质量测量仪器——天平

质量是基本物理量之一，常用天平来称量。天平大致可分为机械天平和电子天平。机械天平按精度递增可分为物理天平、分析天平和精密分析天平。

物理天平

物理实验室常用的是物理天平。它是根据杠杆原理制成的仪器。图1-3-7为TW—1型物理天平。量程和分度值是天平的两个重要的技术指标。量程是指天平允许称衡的最大质量，分度值（感量）是指使天平指针偏转1分度时在某一秤盘上所增加的砝码质量，分度值的倒数称为天平的灵敏度，分度值越小灵敏度越高。TW—1型物理天平的量程为1000g，标称分度值为0.1g。

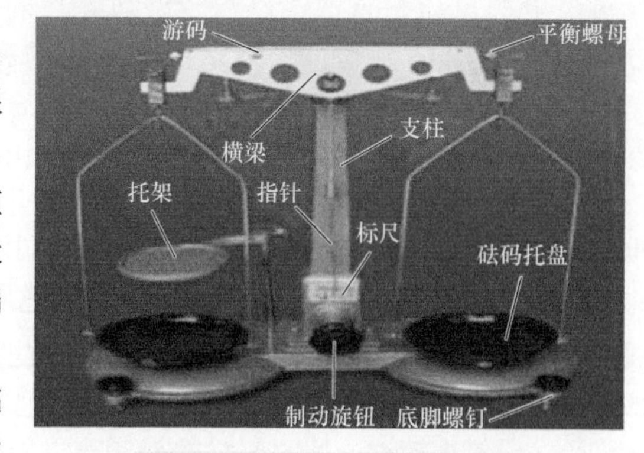

图1-3-7　TW—1型物理天平

（1）物理天平的结构

TW—1型为双盘悬挂等臂式天平。天平的横梁上装有三个刀口，中间刀口向下，它置

于支柱顶端的玛瑙刀承上。两侧等臂刀口朝上，各悬挂一个秤盘。指针固定于横梁上，当横梁摆动时，指针下端在指针标尺前摆动。转动起动旋钮时，横梁可上升或下降，当横梁降下后，支架上有两个支销托住横梁，使其处于制动位置，中间刀口与刀承分离，避免刀口磕碰磨损。横梁两端有平衡螺母，用于天平空载时调节平衡。横梁上有游码，用于 2g 以下物体的称量，立柱左边装有一个托架，用来托住不需称量的物体（如烧杯等）。

（2）物理天平的称衡方法

常用称衡方法是单称法和复称法。

1）单称法。在天平上称量时，左盘放置待测物体，右盘放置砝码，直至最后利用游码使天平平衡，指针的停点与空载时的零点重合为止，此时待测物体的质量等于右盘中砝码的总质量加上游码所在处的刻度示值。

2）复称法。只有在天平两臂等长时，才能用单称法精确地称衡物体的质量。而事实上，一般天平的两臂并不总是严格相等的。因此当天平平衡时，砝码的质量并不完全等于物体的质量。为了消除这种系统误差，可采用复称法。即将物体放在左盘时称得质量记为 m_1，再将物体放在右盘时称得质量记为 m_2，则物体质量

$$m = \sqrt{m_1 m_2}$$

（3）天平使用规则

1）称量前，应检查天平各部件安装是否正确。调节天平的水平螺钉，使天平立柱铅直，并用水准仪检查；

2）空载时调准零点，应将游码移到横梁左端的零刻度线上，支起横梁，观察指针是否停在“零位”或是否在“零位”两边对称摆动。如天平不平衡，应先制动横梁，再调节平衡螺母；

3）取放砝码时必须用镊子，严禁用手。天平的起动和制动操作要平稳，在初称阶段不必全起动，只要已判断出哪边重，便立即制动横梁。取放物体、增减砝码和移动游码都应先使横梁处于制动状态；

4）称衡完毕应立即制动横梁，并将砝码放回盒中，同时核对砝码数；

5）天平和砝码都要预防锈蚀，不得直接称量高温物体、液体及有腐蚀性的化学药品；

6）天平切忌过载。

电子天平

电子天平（见图 1-3-8）的制作原理是用电磁力去平衡被称物体的重力。其特点是称量准确可靠、显示快速清晰并且具有自动检测系统、简便的自动校准装置以及超载保护等装置。随着在实验室的应用越来越普遍，其测量的准确性、可靠性也就愈为重要。

图 1-3-8　电子天平

其调节步骤如下：

（1）调水平：天平开机前，应观察天平后部水平仪内的水泡是否位于圆环的中央，否则就要通过天平的地脚螺栓调节，左旋升高，右旋下降。

（2）预热：天平在初次接通电源或长时间断电后开

机时，至少需要 30min 的预热时间。

（3）称量：按下“ON/OFF”键，接通显示器；等待仪器自检。当显示器显示零时，自检过程结束，天平可进行称量；按显示屏两侧的去皮键，待显示器显示零时，称量所要称量的物品。

（4）称量完毕，按“ON/OFF”键，关断显示器。

3.1.2　电磁学基本仪器

电磁学实验经常要用到各种电源、电表、电阻等，简要介绍如下。

1. 直流电源

直流稳压电源（见图 1-3-9）是将交流电转变为直流电的装置，一般电路中以符号“DC”或“⎓”表示，其输出电压基本上不随交流电源电压的波动和负载电流的变化而有所起伏，内阻也较小。一般稳压电源都能提供从零开始连续可调的直流电压。选择电源时除了应注意其输出电压能否符合需要外，还必须注意电流不得超过它的额定电流值，否则会损坏电源，甚至出现事故，使用电源时特别要防止短路。电源的使用要求详见相关实验的需求。在耗电较少的实验中，有时也用干电池作为直流电源。

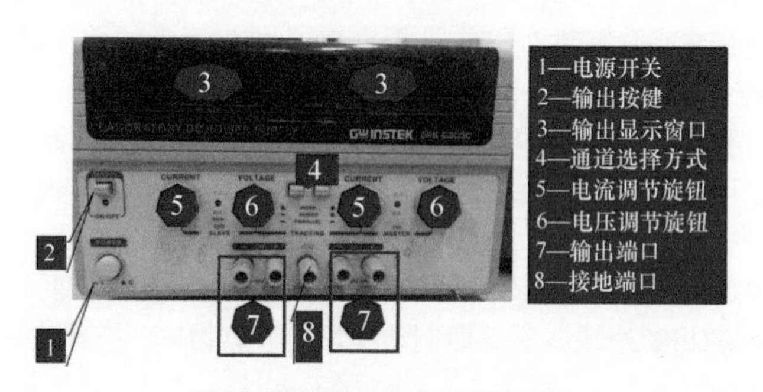

图 1-3-9　双路直流稳压电源

2. 电表

（1）指针式电表

测量电磁量的仪表有很多，其中大部分表面以指针指示的电表都是磁电式仪表，其工作原理是以永久磁铁间隙中磁场与载流动圈相互作用为基 础的，如图 1-3-10 所示。线圈置于永久磁铁和铁心之间所形成的固定磁场中，整个线圈由轴承系统支撑，可绕其轴线转动。线圈轴的外端装有指针，从有分度的刻度盘上可以看出它的偏转程度。当有电流 I 通过转动线圈时，线圈在磁力矩的作用下发生转动，其偏转角 θ 为

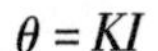

$$\theta = KI$$

偏转角 θ 与流经线圈的电流 I 成正比，比例系数 K 仅由仪表的内部结构常数决定。

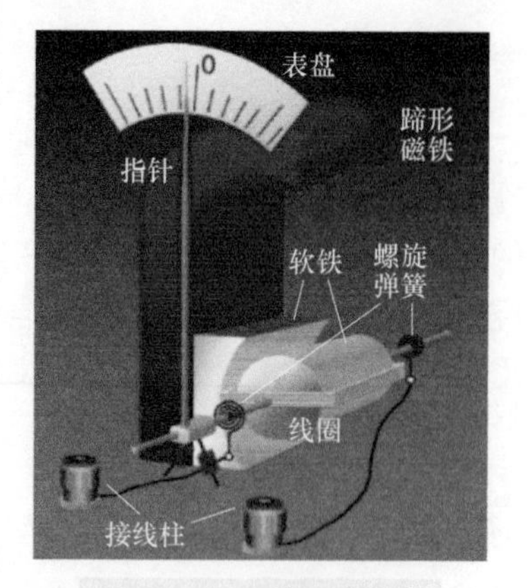

图 1-3-10　磁电式仪表

1）直流电流表。磁电式测量机构（亦称磁电式表头）所能允许流入的电流是有限的。直流电流表按其所测电流的大小分为微安表、毫安表和安培表。一般电流表都是设计成多量程的（见图 1-3-11a）。

a)

b)

c)

图 1-3-11　电流表、电压表、检流计

a）电流表（毫安表）　b）电压表（毫伏表）　c）直流检流计（AC5-2 型）

2）直流电压表。将表头与一电阻串联后即成为电压表。按所测电压的大小分为毫伏表、伏特表和千伏特表。当串联不同电阻时就可以得到不同量程的电压表（见图 1-3-11b）。

3）检流计。检流计可供电桥、电位差计等作为电流指零仪或测量小电流及小电压用。检流计的灵敏度很高，如 AC5-2 型直流检流计（见图 1-3-11c）的分度值小于 2×10^{-6}A/div。

电表使用方法及注意事项：

第一，注意正确连接电表。电流表必须串联在电路中，电压表则应与待测电压的电路并联。

第二，注意电表的极性。使用直流电表必须注意电表的正负极，接线柱标有“+”“-”极性，“+”应接电路的高电位端，“-”应接低电位端，切不可把极性接错，以免损坏电表。

第三，选择合适的量程。量程太小，过大的电流或电压会将电表损坏。量程过大，指针偏转量太小，读数不准确，测量误差大。一般测量时应尽可能使指针偏转量≥2/3 量程。如果事先不知待测量大小，应先选用大量程，再根据量值大小选择合适的量程。

第四，注意电表的安放状态。如果表面上有“⊥”符号，表示使表面垂直安放；符号“⊢⊣”表示水平安放，符号“∠60°”表示表面位置与水平位置倾斜 60°安放。否则电表的指示值将会不准确。

第五，注意避免读数视差。

第六，注意读出有效数字。电表的仪器误差

$$\Delta_{仪}=\pm 量程\times 准确度等级\ a\%$$

读数时应读到有误差的一位上。如 0.5 级、量程为 150mA 的电流表，其仪器误差为

$$\Delta_{仪}=150\times0.5\%=0.8\text{mA}$$

即读数时应读到小数点后面的一位。

直流电表的主要规格是量程、准确度等级和内阻。常用电表的符号及意义参见表 1-3-1。

表 1-3-1　常用电气仪表面板上的标记

符　号	名　称	用　途
A	安培表	测量电流强度的安培数
mA	毫安表	测量电流强度的毫安数
μA	微安表	测量电流强度的微安数
G	检流计	测量微弱电流强度或检查线路中有无电流通过
V	伏特表	测量电压的伏特数
mV	毫伏表	测量电压的毫伏数
kV	千伏表	测量电压的千伏数
Ω	欧姆表	测量直流电阻
MΩ	兆欧表	测量直流大电阻
$\overline{\cap}$	磁电系仪表	
⎓ 或 DC	直流电	适用于直流电
~或 AC	交流电	适用于交流电
~	交直流两用	适用于直流电和交流电
1.5	准确度等级	测量值的最大基本误差为 量程 ×1.5%
⊢⊣或→	表面放置方位	表面水平放置
⊥或 ↑	表面放置方位	表面竖直放置
∠60°	表面放置方位	表面与水平方向成 60°角放置
☆	绝缘强度	电表绝缘强度试验电压为 500V
Ⅱ	防外磁场	Ⅱ级防外磁场

（2）数字式电表

将被测对象经过离散化数据处理后，以数字形式显示测量结果的仪表称为数字式仪表，如数字式频率计、数字式电压表等。数字式电压表具有输入阻抗高（$10^7 \sim 10^8 \Omega$）、准确度高、测量速度快及读度清晰、消除视差等优点，配以各种变换器或传感器，便可形成一系列数字式电表，测量电流、电阻、电容、电感、温度、压力等。

数字式仪表显示位数一般为 3 ~ 8 位，具体有 3 位、$3\frac{1}{2}$位、$3\frac{2}{3}$位、$3\frac{3}{4}$位、$5\frac{1}{2}$位、$6\frac{1}{2}$位、$7\frac{1}{2}$位、$8\frac{1}{2}$位共 8 种，按以下原则定义：①整数值表示能够显示 0 ~ 9 这 10 个字符的位的个数；②分数值的分子是最大显示值的最高位数字，分母为满度值的最高位的数字。如最大显示值为 1999，满度值为 2000 的数字式仪表是 $3\frac{1}{2}$位，其最高位只能显示 0 或 1。

数字电压表（见图 1-3-12）用准确度表示测量结果中系统误差和随机误差的综合，表示为

$$\Delta = \pm(a\% U_x + b\% U_m)$$

式中，a 为误差的相对项系数；b 为误差的固定项系数，a、b 见产品说明书；U_x为测量读数值；U_m为满度（量程）。

3. 滑线变阻器

滑线变阻器常用来改变电路中的电流或电压，它的结构如图 1-3-13 所示。其主要部分为密绕在瓷管上的粗细均匀的金属电阻丝。电阻丝的两端固定在接线柱 A、B 上，滑动头 C 与电阻丝紧密接触，滑动时能改变引出电阻值的大小。

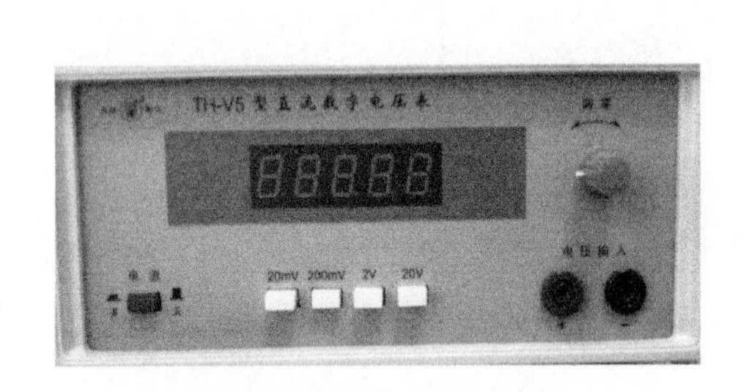

图 1-3-12　数字电压表

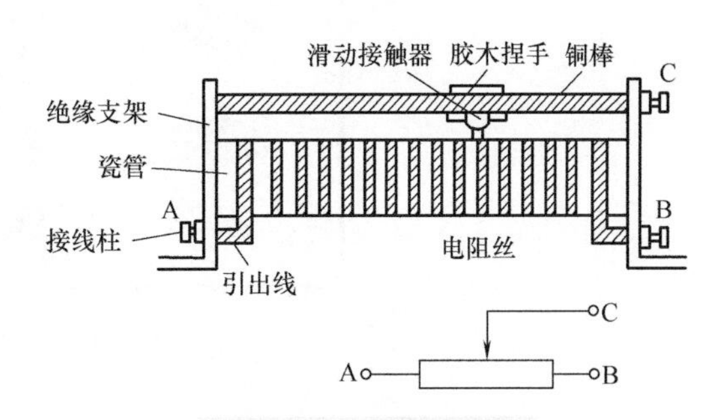

图 1-3-13　滑线变阻器

滑线变阻器规格主要有：①全电阻值，即 A、B 间电阻；②额定电流，即允许通过的最大电流。滑线变阻器在电路中主要有两种用法：

（1）限流器

将滑线电阻接成如图 1-3-14a 所示的电路，即构成限流器，可用来改变电路中电流的大小。在接通电路前应将滑动柱头滑至最左端，使 R 最大，此时接通电源，电路中电流最小。

（2）分压器

如图 1-3-14b 所示，用来改变电路中电压的大小，输出电压可从最小值零开始连续可调。应注意，接通电源前，应将滑动头移至最左边，这样接通电源后，负载上的电压为零。

4. 电阻箱

电阻箱是由若干个数值准确的固定电阻元件（用高稳定锰铜合金丝绕制）组合而成，并借助转盘位置的变换来获得 0.1 ~ 99999.9Ω 的各电阻值，如图 1-3-15 所示。

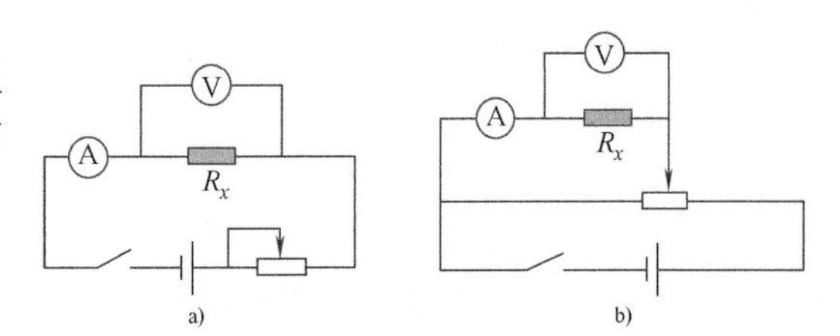

图 1-3-14　限流器和分压器

电阻箱的主要规格有总电阻、额定电流（或额定功率）和准确度等级。若电路中仅需“0 ~ 9.9Ω”，则由“0”与“9.9”两接线柱引出电阻，这样可以避免电阻箱其余部分的接触电阻及导线电阻所带来的误差。

使用电阻箱时，为确保其安全，不得超过其额定功率。在额定电流范围内，电阻箱的仪器误差为

$$\Delta_{仪} = \sum a_i \% R_i + 0.002m\ (\Omega)$$

式中，a_i为各电阻盘的准确度等级；R_i为经调节后电阻箱各转盘的电阻值；m 是接入电路的转盘数。

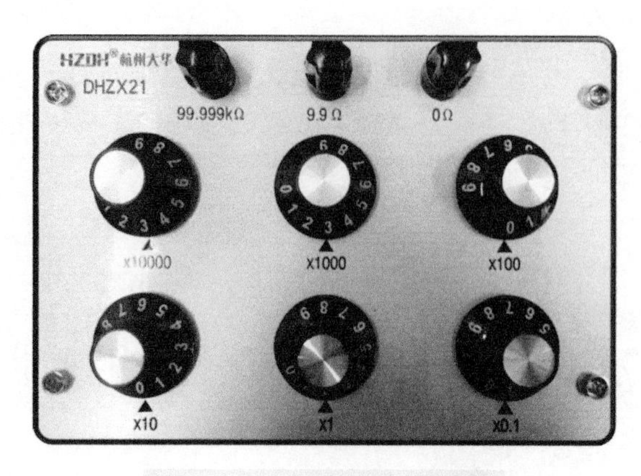

图 1-3-15　DH ZX21 电阻箱

3.2　物理实验基本调整与操作技术

使用仪器、仪表和装置测量之前，应首先对这些设备的工作状态进行调整，以达到最佳状态，这样才能将设备产生的系统误差减小到最低限度，保证测量结果的准确性和有效性。因此基本调整和操作技术是物理实验中的重要训练内容。

有关仪器设备的调整和操作技术内容相当广泛，需要通过具体的实验训练逐步积累起来。这里介绍一些最基本的、具有一定普遍意义的调整和操作技术，以及电学实验、光学实验的基本操作规程。

3.2.1　仪器的初始状态

许多仪器在正式操作前，需要处于正确的“初态”和“安全位置”，以便保证实验顺利进行和仪器使用安全。如迈克耳孙干涉仪动镜和定镜的调节螺钉、分光计实验中望远镜的俯仰调节螺钉等，在调节这些仪器前，首先要将这些螺钉调至适中状态，使其具有足够的调整量。

电学实验中则需要考虑安全问题。通电之前，各器件要调节到安全位置。例如，在未通电之前，应使电源处于最小电压输出位置，使滑线变阻器的限流电路处于电流最小的状态，或者使分压电路处于电压输出的最小状态；调节电路平衡时，应使接入指零仪器的保护电阻处于阻值最大的状态。

3.2.2　零位调整

在测量之前应先检查各仪器的零位是否正确，虽然仪器在出厂时都已校正过，但由于搬运、环境的变化或经常使用而引起磨损等原因，它们的零位往往已经发生了变化。因此，在实验前总是要检查和校准仪器的零位，否则将会人为地引入误差。

零位校准的方法一般有两种，一种是测量仪器有零位校正器的，如电流表、电压表等，则应调整校正器，使仪器的指针在测量前处于零位。另一种是仪器不能进行零位校正或调整较困难的，如端面磨损的米尺、螺旋测微器、游标卡尺等，则在测量前应记下初读数，即

“零位读数”，以便在测量结果中加以修正。

3.2.3　水平、铅直调整

多数仪器都要求在“水平”或“铅直”条件下工作。例如，平台的水平和支柱的竖直，这种调整可借助水准器和重锤。几乎所有需要调节水平或铅直状态的仪器都在底座上装有三个螺钉，其中两个是可以调节的，通过调节可调螺钉可把仪器调整到水平或竖直状态。

3.2.4　等高共轴调整

在由两个或两个以上的光学元件组成的实验系统中，为获得高质量的图像，满足近轴成像条件，必须使各个光学元件的主光轴相互重合。为此，要对各光学元件进行共轴调整。共轴调节一般分粗调和细调两步进行。

目测粗调，将各光学元件和光源的中心大致调成等高，各元件所在平面基本上相互平行且与移动方向垂直。若各元件沿水平轨道滑动，可先将它们靠拢，再调整等高共轴，可减小视觉判断的误差。

细调时，可利用自准直法、二次成像法（共轭法）等，也可以利用光学系统本身或借助其他光学仪器进行调整。

3.2.5　消除视差的调整

使用仪器测量读取数据时，会遇到读数准线（如电表的指针、光学仪器中的十字叉丝等）与标尺平面不重合的情况，当观察者的眼睛在不同位置读数时，读得的示值就会有所差异，这就是视差。

怎样判断有无视差？方法是在调整仪器或读取示值时，观察者眼睛上下或左右稍稍一动，观察标线和标尺刻线间是否有相对移动，若有移动则说明存在视差。

要避免视差的出现，应做到读数时视线垂直于观测仪器面板。通常精度较高的电表在面板上装有平面镜，读数时只有垂直正视，指针和其平面镜中的像重合时，读出的示值才是无视差的正确数值。

3.2.6　消除空程误差

许多仪器（如测微目镜、读数显微镜等）的读数装置由丝杠-螺母的螺旋结构组成，由于两者之间有螺纹间隙，在刚开始测量和开始反向测量时，丝杠需转过一定的角度才能与螺母啮合，而与丝杠连在一起的鼓轮已有读数变化，而由螺母带动的部件却尚未产生位移，由此引起的虚假读数，称为空程误差。为了消除这一误差，使用这类仪器时必须待丝杠-螺母啮合以后才能进行测量，且在测量过程中读数过程必须沿同一方向行进，切勿反转。

3.2.7　逐次逼近法

仪器的调整需要经过仔细、反复的调节，依据一定的判据，由粗及细逐渐缩小调整范围，快捷而有效地获得所需状态的方法，称为逐次逼近法。特别是运用零示法的实验或零示仪器，如天平测质量、电桥测电阻、电位差计测电压或电动势等实验。方法是：首先估计待测量的值，选择与仪器相对应的量程，根据偏离情况渐次缩小测量范围，达到所需效果。

3.2.8 先定性、后定量原则

实验时应采用“先定性、后定量”的原则，即在定量测量前，先对实验变化的全过程进行定性观察，了解一下实验数据的变化规律，再着手进行定量测量。对数据无明显变化的范围，可增大测量的间距以减少测量点，反之，对变化大的则应多测几个点。用作图法处理实验数据时，需要根据图上数据点来拟合图线，尤其是在拟合曲线时，往往需要更多的数据点。

3.2.9 电学实验的操作规程

电学实验需要用到电源、电气仪表、电子仪器等，实验中既要完成测试任务，又要注意人身安全和仪器安全，为此应注意以下几点。

1. 安全用电

电学实验使用的电源通常是220V的交流电和0～30V的直流电，但有时实验中使用的电压较高。一般人体接触36V以上电压时就有危险，所以在电学实验过程中要特别注意人身安全，谨防触电事故发生。实验者应做到：

（1）接、拆线路，必须在断电情况下进行。

（2）操作时，人体不能触摸仪器的高压带电部位。

（3）高压部位的接线柱或导线，一般要用红色标记，以示危险。

2. 要正确接线、合理布局

看清和分析电路图中共有几个回路，一般从电源的正极开始，按从高电势到低电势的顺序接线。如果有支路，则应把第一个回路完全接好后，再接另一个回路，切忌乱接。

仪器布局要合理，要将需要经常控制、调节和读数的仪器置于操作者面前，开关一定要放在最易操纵的地方。

3. 要检查线路

电路接完后，要仔细检查，确保无误后，经教师复查同意，方能接通电源进行实验。合上电源开关时，要密切注意各仪表是否正常工作，若有反常应立即切断电源，排除故障，并报告指导教师。

4. 实验完毕要整理仪器

实验完毕，实验结果经教师检查认可后，先切断电源，再拆除线路，并把各仪器恢复到原来的状态，器件按要求放置整齐。

3.2.10 光学实验的操作规则

光学仪器通常比较精密、贵重、易损，调试要求严格，因此在实验前应当充分预习；在实验中正确操作仪器，仔细观察、分析仪器调整过程中出现的各种现象。

为了防止光学仪器出现故障或损坏，在使用和维护光学仪器时必须遵守下列规则：

1. 注意保护光学器件

光学实验是“清洁的实验”，对光学仪器和元件，应注意防尘，保持干燥以防发霉，不能用手或其他硬物碰、擦光学元件的抛光表面，也不能对着它呼气。必要时可用擦镜纸或蘸有酒精或乙醚溶液的脱脂棉轻轻擦拭。光学器件必须轻拿轻放，严防跌落。

2. 对机械部分操作要轻、稳

光学仪器的机械可动部分很精密，操作时动作要轻，用力要均匀平稳，不得强行扭动，也不要超过其行程范围，否则将会大大降低其精度。

3. 注意眼睛安全

一方面要了解光学仪器的性能，以保证正确、安全使用仪器。另一方面光学实验中用眼的机会很多，因此要注意对眼睛的保护，不要使其过分疲劳。特别是对激光光源，绝对不允许用眼睛直接观察激光束，以免灼伤眼球。

此外，在暗房中工作时应先放妥并熟记各仪器、元件、药瓶的位置，操纵移动仪器和元件时，手应由外向里紧贴桌面，轻缓挪动，避免碰翻或带落其他器件，同时还要注意用电安全。

选读 3.3

第2篇

基础实验篇

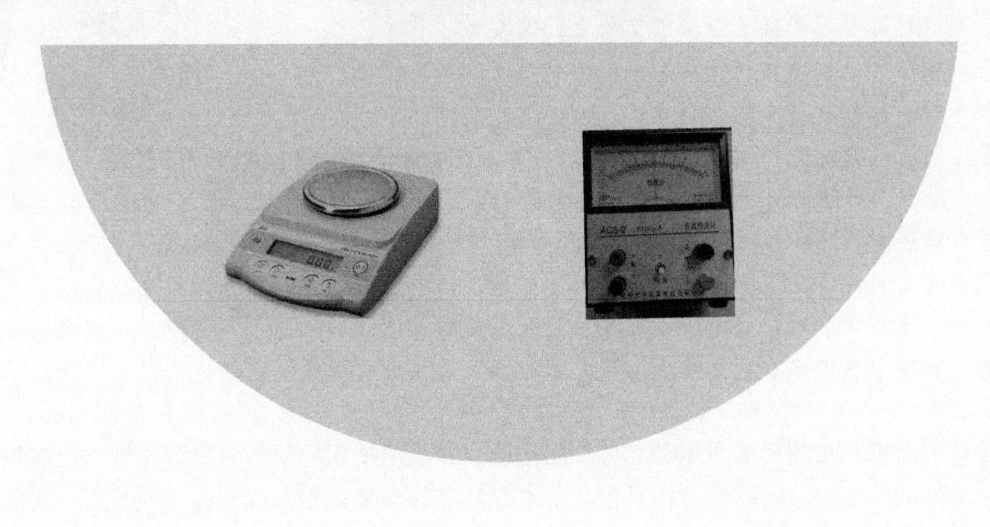

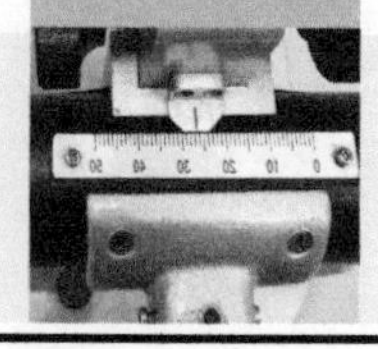

实验 1

物体密度的测定

名人轶事

阿基米德（前 287—前 212），古希腊伟大的哲学家、数学家、物理学家，静态力学和流体静力学的奠基人，并且享有“力学之父”的美称，阿基米德和高斯、牛顿并列为世界三大数学家。阿基米德曾说过：“给我一个支点，我就能撬起整个地球。”

相传叙拉古的赫农王让工匠给他做了一顶纯金的王冠。但是在做好后，国王怀疑工匠做的金冠并非纯金，而是暗中私吞了黄金，可是又不能破坏王冠，而且这顶金冠确实又与当初交给金匠的纯金一样重。这个问题难倒了国王和诸位大臣。经一位大臣建议，国王请来阿基米德来检验皇冠。

最初阿基米德对这个问题无计可施。有一天，他在家洗澡，当他坐进澡盆里时，看到水往外溢，突然想到可以用测定固体在水中排水量的办法，来确定金冠的体积。他兴奋地跳出澡盆，连衣服都顾不得穿上就跑了出去，大声喊着“尤里卡！尤里卡！”（意思是“找到了”）

他经过了进一步的实验以后，便来到了王宫，他把王冠和同等重量的纯金放在盛满水的两个盆里，比较两盆溢出来的水，发现放王冠的盆里溢出来的水比另一盆多。这就说明王冠的体积比相同重量的纯金的体积大，密度不相同，所以证明了王冠里掺进了其他金属。

物质的密度是指物质的质量和其体积的比值，即单位体积的某种物质的质量。密度是反映物质特性的物理量，物质的特性是指物质本身具有的而又能相互区别的一种性质，人们往往感觉密度大的物质“重”，密度小的物质“轻”，这里的“重”和“轻”实质上指的是密度的大小。密度不随质量、体积的改变而改变，同种物质的密度不变。每种物质都有一定的密度，不同物质的密度一般是不同的。

实验目的

1. 学习用流体静力称衡法测定固体和液体的密度；
2. 熟悉物理天平或电子天平的构造和原理，并学会正确的使用方法；
3. 学习单次测量的误差估计和掌握间接测量量的数据处理方法。

实验原理

规则物体的密度测定

若一物体的质量为 m，体积为 V，根据密度的定义有

$$\rho = m/V \tag{2-1-1}$$

其中，质量 m 由天平测定，体积 V 可以通过测量和计算可得到。

用静力称衡法测定不规则物体的密度

当物体的密度大于水的密度时（见图 2-1-1），先称出待测物在空气中和水中的质量 m 和 m_1，则物体在水中受到的浮力为

$$F = (m - m_1)g \tag{2-1-2}$$

根据阿基米德原理，浸在水中的物体要受到向上的浮力，浮力的大小等于所排开水的质量和重力加速度的乘积。因此

$$F = \rho_0 Vg \tag{2-1-3}$$

式中，ρ_0为水的密度；V 为排开水的体积（亦即被测物体的体积）。

联立式（2-1-1）、式（2-1-2）和式（2-1-3）可得

$$\rho = \frac{m}{V} = \frac{m}{m - m_1}\rho_0 \tag{2-1-4}$$

当物体的密度小于水的密度时，可将另一重物用细丝绳悬挂在待测重物的下面，如图 2-1-2所示。先将重物没入水中而使待测物在液面之上，用天平称得质量为 m_2，如图 2-1-2a所示；再将重物连同待测物体一起浸没水中，用天平称得质量为 m_3，如图 2-1-2b 所示，则可求得待测物体没入水中所受浮力为

$$F = (m_2 - m_3)g \tag{2-1-5}$$

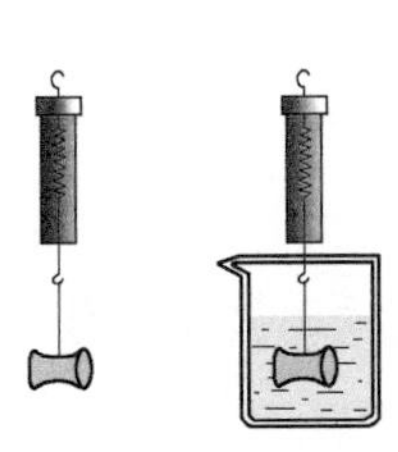

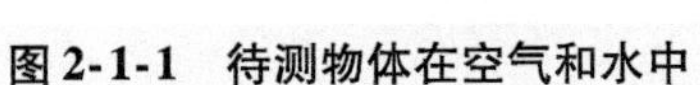

图 2-1-1　待测物体在空气和水中

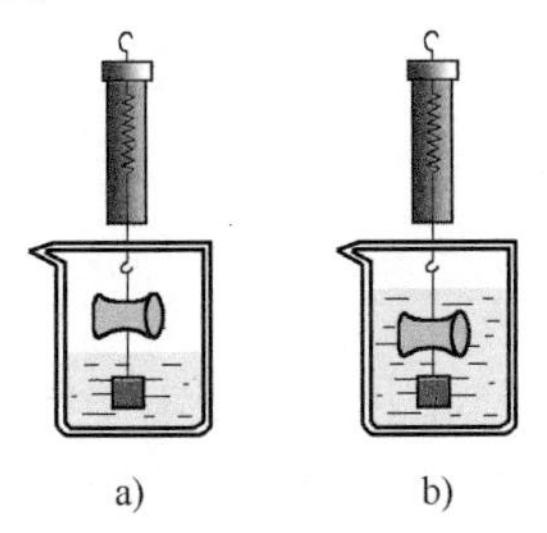

图 2-1-2　悬挂重物的待测物体

由式（2-1-3）和式（2-1-5）得到

$$V = \frac{m_2 - m_3}{\rho_0} \tag{2-1-6}$$

此时物体的密度

$$\rho = \frac{m}{V} = \frac{m}{m_2 - m_3}\rho_0 \tag{2-1-7}$$

其中，m 仍为待测物体在空气中称衡的质量。

用流体静力称衡法测液体的密度

先将一重物分别置于空气中和浸没在密度 ρ_0 已知的液体中称衡，相应的砝码质量分别为 m 和 m_1；再将该物体浸没在待测液体中称衡，相应的砝码质量为 m_4，于是 $m-m_4$ 就是同体积待测液体的质量。因此，可以得到待测液体的密度

$$\rho_3=\frac{m-m_4}{m-m_1}\rho_0 \tag{2-1-8}$$

应当指出，用流体静力称衡法测定固体和液体的密度时，要求物体完全浸没在液体之中，且固体和液体的性质不发生变化。

实验仪器

物理天平（或电子天平）、烧杯、水、钢球、金属块、蜡块、酒精。

实验内容

调整和使用物理天平（或电子天平）

使用前要认真了解物理天平（或电子天平）的构造和使用注意事项（参考仪器简介部分）。

拟定实验步骤

根据实验原理拟定实验步骤，所有物理量的测量均采用单次测量，通过数据处理分别得到金属块、蜡块和酒精的密度。

利用上述基本原理，推导出利用电子天平称量时所需要的物理量及计算公式并进行实验验证。

数据记录与处理

根据实验要求，自拟数据记录表格，并根据实验数据计算待测物质的密度。

分析与思考

1. 用物理天平称衡物体时能不能把物体放在右盘而把砝码放在左盘？
2. 如何用静力称衡法测量液体的密度？
3. 分析利用物理天平和电子天平进行实验的不同之处。

实验 1 选读

实验2

用单摆测量重力加速度

名人轶事

伽利略·伽利莱（Galileo Galilei，1564—1642），意大利数学家、物理学家、天文学家，科学革命的先驱。他发明了摆针和温度计，在科学史上为人类做出过巨大贡献，是近代实验科学的奠基人之一。

有一次，他站在比萨的天主教堂里，眼睛盯着天花板，一动也不动。他在干什么呢？原来，他正在用右手按左手的脉搏，看着天花板上来回摇摆的灯。他发现，灯的摆动虽然是越来越弱，以至于每一次摆动的距离渐渐缩短，但是，每一次摇摆所需要的时间却是一样的。由此，伽利略找到了摆的规律。钟就是后人根据他发现的这个规律制造出来的。

在伽利略之前，古希腊的亚里士多德认为，物体下落的快慢是不一样的。它的下落速度和它的质量成正比，物体越重，下落的速度越快。

千百年来，人们一直把这个违背自然规律的学说当成不可怀疑的真理。年轻的伽利略根据自己的经验推理，大胆地对亚里士多德的学说提出了疑问。经过深思熟虑，他决定亲自动手做一次实验。他选择了比萨斜塔作为实验场地。这一天，他带了两个大小一样但质量不等的铁球，一个重10磅㊀，是实心的；另一个重1磅，是空心的。伽利略站在比萨斜塔上面，望着塔下。塔下面站满了前来观看的人，大家议论纷纷。有人讽刺说："这个小伙子的神经一定是有问题了！亚里士多德的理论是不会有错的！"实验开始了，伽利略两手各拿一个铁球，大声喊道："下面的人们，你们看清楚，铁球就要落下去了。"说完，他把两手同时松开。人们看到，两个铁球平行下落，几乎同时落到了地面上。所有的人都目瞪口呆了。伽利略的实验揭开了落体运动的秘密，推翻了亚里士多德的学说。这个实验在物理学的发展史上具有划时代的重要意义。

地球表面附近的物体，在仅受重力作用时具有的加速度称为重力加速度，也叫自由落体加速度，用g表示，重力加速度g的方向总是竖直向下的。在地球上的不同地区，同一物体所受的重力并不相同，所以重力加速度g也不相同。它是由物体所在地区的纬度、海拔高度

㊀ 磅（lb）是非法定计量单位，1lb = 0.4536kg。——编辑注

及矿藏分布等因素决定的。

实验目的

1. 掌握单摆的测量原理和使用方法；
2. 验证摆长与周期的关系，掌握使用单摆测量当地重力加速度的方法；
3. 初步了解误差的传递和合成。

实验原理

利用单摆测量当地的重力加速度值 g

单摆是由一摆线连着质量为 m 的摆锤所组成的力学系统，是力学中一个重要的模型。当年伽利略在观察比萨教堂中的吊灯摆动时发现，摆长一定的摆，其摆动周期不因摆角而变化，因此可用它来计时，后来惠更斯利用了伽利略的发现发明了摆钟。物理实验中的单摆实验，是要进一步精确地研究该力学系统所包含的力学线性和非线性运动行为。

用一不可伸长的轻线悬挂一小球，做幅角 θ 很小的摆动就是一单摆。如图 2-2-1 所示。

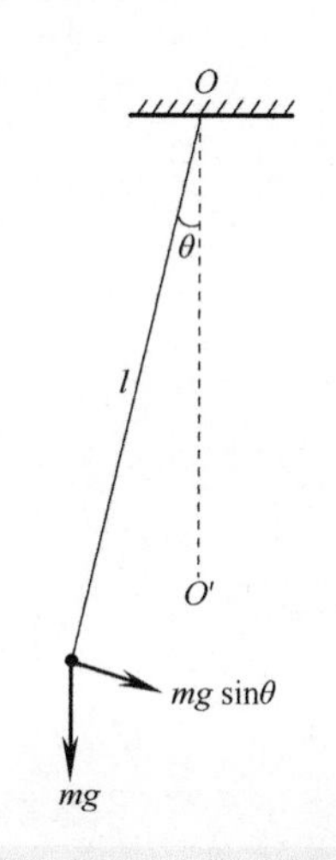

图 2-2-1　单摆示意图

设小球的质量为 m，其中心到摆的支点 O 的距离为 l（摆长）。作用在小球上的切向力的大小为 $mg\sin\theta$，它总是指向平衡点 O'。若 θ 角很小，则 $\sin\theta\approx\theta$，切向力的大小为 $mg\theta$，按牛顿第二定律，质点的运动方程为 $ma_{切} = -mg\sin\theta$，即 $ml\mathrm{d}^2\theta/\mathrm{d}t^2 = -mg\sin\theta$，因为 $\sin\theta\approx\theta$，所以

$$\frac{\mathrm{d}^2\theta}{\mathrm{d}t^2} = -\frac{g}{l}\theta \qquad (2\text{-}2\text{-}1)$$

这是一简谐运动方程（参考普通物理学中的简谐振动），式（2-2-1)的解为

$$\theta(t) = A\cos(\omega_0 t + \phi_0) \qquad (2\text{-}2\text{-}2)$$

$$\omega_0 = \frac{2\pi}{T} = \sqrt{\frac{g}{l}} \qquad (2\text{-}2\text{-}3)$$

式中，A 为振幅；ϕ_0为初相角；ω_0 为角频率（固有频率）；T 为周期。可见，单摆在摆角很小，不计阻力时的摆动为简谐振动，与此同类的系统有：线性弹簧上的振子，LC 振荡回路中的电流，微波与光学谐振腔中的电磁场，电子围绕原子核的运动等，因此，单摆的线性振动是具有代表性的。由式（2-2-3）可知该简谐振动固有角频率 ω_0 的平方等于 g/l，由此得出

$$T = 2\pi\sqrt{\frac{l}{g}} \qquad (2\text{-}2\text{-}4)$$

由式（2-2-4）可知，周期 T 只与摆长 l 有关。由式（2-2-4），得

$$g = 4\pi^2\frac{l}{T^2} \qquad (2\text{-}2\text{-}5)$$

由式（2-2-5）可测量当地重力加速度 g，为了降低测量误差，可对 g 进行多次测量，分别得到 g_1、g_2、g_3、g_4、g_5、g_6，并计算平均值 $\bar{g}$，对应的不确定度为

$$U_g = \sqrt{\frac{\sum_{i=1}^{n}(g_i - \bar{g})^2}{n(n-1)}} \tag{2-2-6}$$

实验仪器

单摆实验仪、游标卡尺、钢卷尺（见图 2-2-2）。

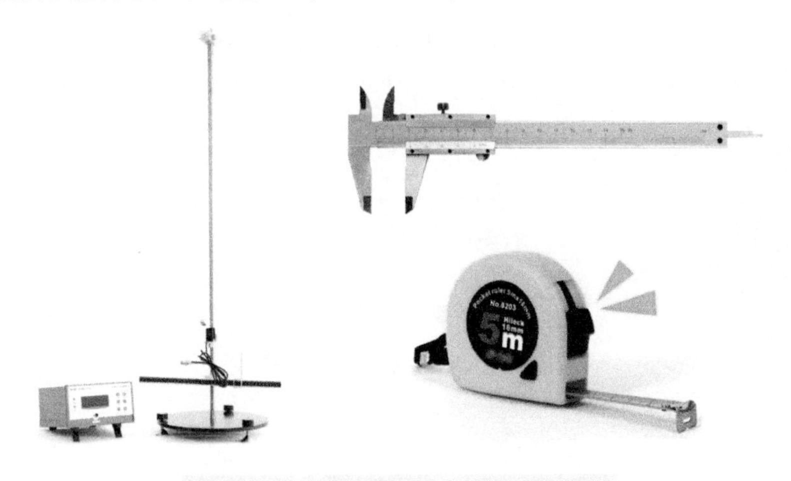

图 2-2-2　单摆测量重力加速度实验仪器

实验内容

单摆测量当地的重力加速度值 g

在 $\theta < 5°$ 的情况下，改变单摆的摆长 l，测量单摆摆动周期 T，依据式（2-2-5）计算重力加速度 g，并计算不确定度。

观察摆角对 T 的影响

测量同一摆长不同摆角下的周期 T，试分析摆角对 T 的影响。

注意事项

（1）分别用米尺和游标卡尺，测量摆线长和摆球的直径。摆长 l 等于摆线长加摆球的半径。

（2）摆球的振幅要小于摆长的 1/12，即摆角 $\theta < 5°$。

（3）单摆的周期测量方法：

1）实验过程中，测量一个周期的相对误差较大，一般是测量连续摆动几个周期的时间 t。

2）若用停表测量周期，当摆锤过平衡位置 O'时，按表计时，握停表的手和小球同步运动，为了防止数错 n 值，应在计时开始时数“零”，以后每过一个周期，数 1，2，…，n。以减少测量周期的误差。

3）若用计时器测量周期，参见多功能微秒计 DHTC—1 使用说明。

原始数据记录与处理要求

数据表格 （见表 2-2-1、表 2-2-2）

表 2-2-1　不同摆长 l，在 $\theta<5°$的情况下，摆动 20 次的时间

摆长 l/cm	60.00	70.00	80.00	90.00	100.00	110.00
t_1/s						
t_2/s						
t_3/s						
$\bar{t}$/s						
周期 T/s						
T^2/s^2						

表 2-2-2　不同摆角对应的周期 T

摆角 θ（°）	2	5	10	15	20	25	30	35	40	45	50	55	60	65
t/s														
周期 T/s														

处理要求

表 2-2-1 中的测量数据，有两种处理方法：

（1）作图法：根据表 2-2-1 中的数据，作 T^2-l 直线，在直线上取两点 A 和 B（见图 2-2-3），求直线斜率 $k=\dfrac{y_1-y_2}{x_1-x_2}$，由式（2-2-5）知

$$g=\frac{4\pi^2}{k} \tag{2-2-7}$$

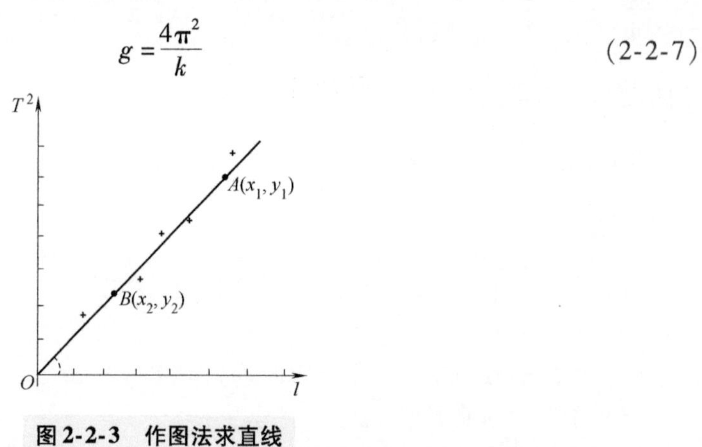

图 2-2-3　作图法求直线

根据式（2-2-7）求重力加速度 g。

（2）计算法：根据表 2-2-1 中的数据，分别计算不同摆长的重力加速度 g_1、g_2、g_3、g_4、g_5、g_6，然后取平均，再计算不确定度。

分析与思考

1. 设单摆摆角 θ 接近 0°时的周期为 T_0，任意摆角 θ 时的周期为 T，两周期间的关系近似为

$$T = T_0\left(1 + \frac{1}{4}\sin^2\frac{\theta}{2}\right)$$

若在 $\theta = 10°$ 的条件下测得 T 值，将给 g 值引入多大的相对误差？

2. 有一摆长很长的单摆，不允许直接去测量摆长，你该如何用本实验的原理测出摆长？

实验 2 选读

实验 3

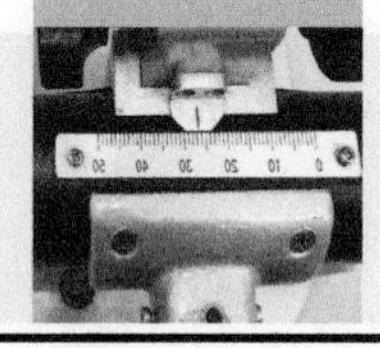

多普勒效应实验

名人轶事

克里斯蒂安·安德烈亚斯·多普勒（Christian Andreas Doppler，1803—1853），奥地利物理学家及数学家，1803 年 11 月 29 日出生于奥地利的萨尔茨堡（Salzburg）。1842 年，他在文章“On the Colored Light of Double Stars”中提出了“多普勒效应”（Doppler Effect），因而闻名于世。

多普勒效应的发现

一天，多普勒带着他的孩子沿着铁路旁边散步，一列火车从远处开来。多普勒注意到：火车在靠近他们时笛声越来越刺耳，然而就在火车通过他们身旁的一刹那，笛声声调却突然变低了。随着火车的远去，笛声响度逐渐变弱，直到消失。这个平常的现象吸引了多普勒的注意，他思考：为什么笛声声调会变化呢？他抓住问题，潜心研究多年。

通过研究他发现，当观察者与声源相对静止时，声源的频率不变；然而当观察者与声源之间相对运动时，则听到的声源频率发生变化。最后他总结：观察者与声源的相对运动决定了观察者所收到的声源频率。

多普勒的这一重大发现，被人们称为“多普勒效应”。

当波源和接收器之间有相对运动时，接收器接收到的波的频率与波源发出的频率不同的现象，称为多普勒效应。多普勒效应在科学研究、工程技术、交通管理、医疗诊断等方面都有着十分广泛的应用。如多普勒雷达系统可用于导弹、卫星、车辆等运动目标速度的测控；在医学上利用超声波的多普勒效应来检查人体内脏的活动情况，血液的流速等；用光谱线的多普勒增宽原理解释星球光谱的红移现象，有力地支持了宇宙大爆炸理论。

实验目的

1. 理解多普勒效应的原理；
2. 利用多普勒效应研究超声接收器运动速度与接收频率的关系，并求声速。

实验原理

多普勒效应

为简单起见，假设波源和接收器在同一直线上运动。波源相对于介质的运动速度为 v_S，接收器相对于介质的运动为 v，波速为 u。波源的频率、接收器接收到的频率分别为 f_0、f。根据声波的多普勒效应理论，当波源和接收器相向运动时，接收器接收到的频率为

$$f=\frac{u+v}{u-v_S}f_0 \tag{2-3-1}$$

当波源和接收器背向运动（离开）时，接收器接收到的频率为

$$f=\frac{u-v}{u+v_S}f_0 \tag{2-3-2}$$

当波源静止时，式（2-3-1）和式（2-3-2）可综合为

$$f=\frac{u\pm v}{u}f_0=\left(1\pm\frac{v}{u}\right)f_0 \tag{2-3-3}$$

若 f_0 保持不变，通过实验测得接收器以不同的速度 v 运动时接收到的频率 f，作 f-v 关系图，可直观地验证多普勒效应，并可求出声速 u。

若已知 f_0，声速为 u，接收器接收到的频率为 f，则可求得接收器的运动速度为

$$v=\left(\frac{f}{f_0}-1\right)u \tag{2-3-4}$$

实验仪器

多普勒效应综合实验仪

多普勒效应综合实验仪内置微处理器，带有液晶显示屏，图 2-3-1 为该实验仪的面板图。实验仪采用菜单式操作，显示屏显示菜单及操作提示，由▲、▼、◀、▶键选择菜单或修改参数，按“确认”键后仪器执行相应操作。操作者只需要按每个实验的提示即可完成操作。

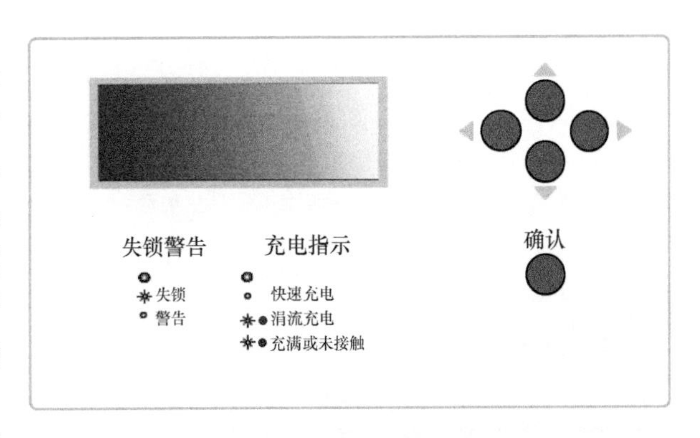

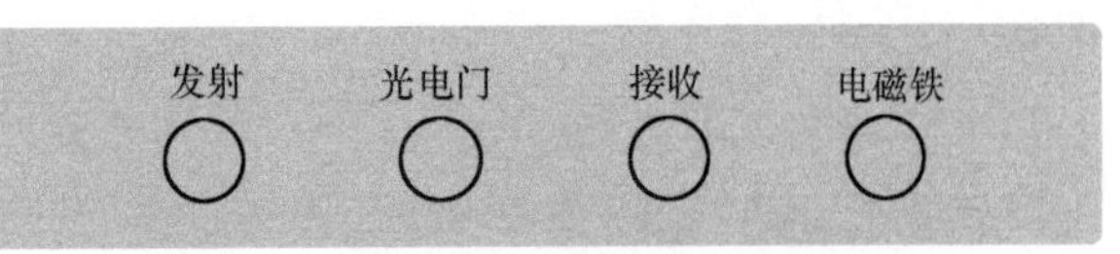

图 2-3-1　多普勒效应综合实验仪面板图

在进行验证多普勒效应并测算声速的实验时，多普勒效应综合实验仪的安装按照图 2-3-2 所示。

在进行研究自由落体运动实验时，为消除摩擦力对实验结果的影

响，将导轨竖直放置，并按照如图 2-3-3 所示进行安装。

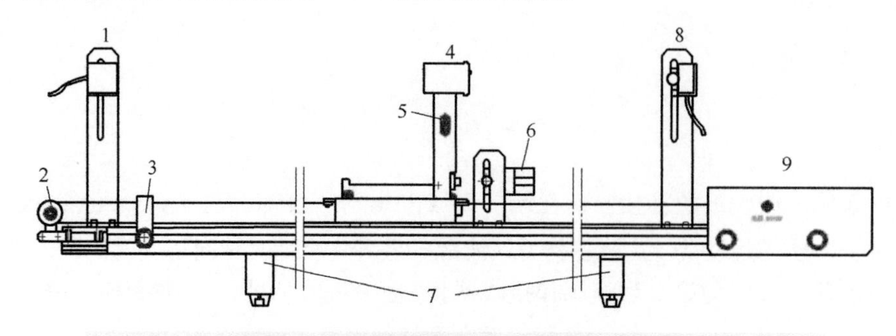

图 2-3-2　多普勒效应验证实验安装示意图

1—超声波发射组件　2—滑轮　3—挡块　4—传感器接收及红外发射组件　5—充电孔　6—光电门　7—导轨支架组件　8—红外接收组件　9—电机控制器

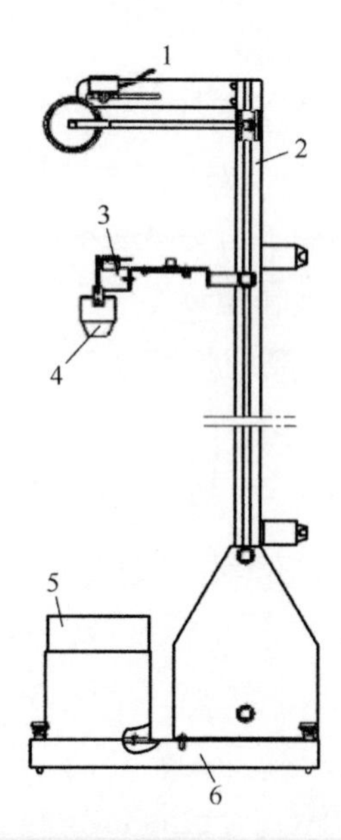

图 2-3-3　自由落体运动实验安装示意图

1—红外接收支架组件　2—导轨　3—电磁阀支架组件　4—自由落体接收组件　5—自由落体接收器保护盒　6—导轨底座及发生器组件

实验内容

验证多普勒效应并计算声速

（1）实验装置的预调节

实验装置安装如图 2-3-2 所示。安装完毕后，将组件电缆接入实验仪的对应接口上，通过连接线给小车上的传感器充电，第一次充电时间约 6 ~ 8s，充满后（仪器面板上的充电指示灯会变为黄色或红色）可以持续使用 4 ~ 5min。实验仪开机后，输入室温。利用◀、▶键

将室温 t_c 值调到实际值，按“确认”键。然后仪器开始自动检测调谐频率 f_0，约几秒钟后将自动得到调谐频率，此时将此频率 f_0 记录下来，按“确认”键进行后面的实验。

（2）测量步骤

① 在液晶显示屏上，选中“多普勒效应验证实验”，并按“确认”键；

② 利用◀、▶键修改测试总次数（选择范围 5 ~ 10，因为有 5 种可变速度，所以一般选 5 次），按▼键，选中“开始测试”，但不要按“确认”键；

③ 用电机控制器上的“变速”按钮选定一个速度。准备好后，按“确认”键，再按电机控制器上的“起动”键，测试开始进行，仪器自动记录小车通过光电门时的平均运动速度以及与之对应的平均接收频率；

④ 每一次测试完成，都有“存入”或“重测”的提示，可根据实际情况选择，按下“确认”键后回到测试状态，并显示测试总次数及已完成的测试次数；

⑤ 按电机控制器上的“变速”按钮，重新选择速度，重复步骤③、④；

完成设定的测量次数后，仪器会自动存储数据，并显示 f-v 关系图及测量数据。由 f-v 关系图可看出，若测量点成直线，则符合式（2-3-3）所描述的规律，即直观验证了多普勒效应。用▼键翻阅数据并记入表 2-3-1 中，然后计算出相关结果并填入表格。

表 2-3-1　多普勒效应的验证与声速的测量　t_c = ____℃，f_0 = ____ Hz

测量数据						直线斜率	声速测量值	声速理论值	百分误差
次数 i	1	2	3	4	5	k/m^{-1}	$u=f_0/k/(\mathrm{m \cdot s^{-1}})$	$u_0/(\mathrm{m \cdot s^{-1}})$	$(u-u_0)/u_0(\%)$
$v/(\mathrm{m \cdot s^{-1}})$									
f_i/Hz									

用作图法或线性回归法计算 f-v 关系直线的斜率 k，由 k 计算声速 u 并与声速的理论值比较，声速理论值由 $u_0=331(1+t_c/273)^{1/2}$（$\mathrm{m \cdot s^{-1}}$）计算，t_c 表示室温。

分析与思考

1. 如果波源和接收器不在同一直线上运动，那么该如何推导式（2-3-1）~式（2-3-3）？
2. 在进行测量声速的实验时，为什么要先输入室温？

实验 3 选读

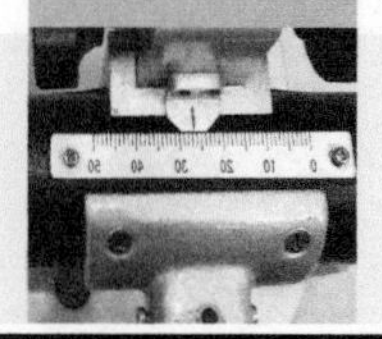

实验4

简谐振动与弹簧劲度系数的测量

名人轶事

罗伯特·胡克（Robert Hooke，1635—1703）又译罗伯特·虎克，英国科学家、博物学家、发明家。在物理学研究方面，他提出了描述材料弹性的基本定律——胡克定律；在机械制造方面，他设计制造了真空泵、显微镜和望远镜，并将自己用显微镜观察所得写成《显微术》一书，细胞一词即由他命名；在新技术发明方面，他发明的很多设备至今仍然在使用。

胡克在对天文学进行研究后发现了一些定律，于是便写信给牛顿，告诉牛顿这一理论。牛顿并没有答复胡克，但他承认了胡克的这一发现。之后，牛顿用数学方法解释了胡克的发现，从而确定了万有引力。于是，牛顿准备就万有引力发表一本书，胡克得知这个消息之后就向牛顿表示希望牛顿能在书中稍微提及一下自己的劳动成果，可是牛顿却直接驳回了胡克的请求。胡克对牛顿的行为感到十分生气。

事实上，在胡克发现这一理论的时候，牛顿已经对这方面有了更深刻的研究，只是还没有发表而已，所以牛顿不认为胡克对自己发表的这本书有贡献，因此不同意提及胡克。只能说胡克写给牛顿的信件对牛顿的理论有一定帮助而已。于是胡克和牛顿就这个问题发生了争执，胡克不光在大庭广众之下指责牛顿的过失，还大量散播不利于牛顿的言论，这一行为让牛顿十分生气。牛顿认为胡克是故意这样做的，于是便想办法让胡克出丑。这样一来，胡克与牛顿的矛盾又加深了一层。胡克再次强调自己对该理论享有优先权，使得牛顿对他十分不满，于是把这本书上原先写有胡克的内容全都删掉了。这之后不久胡克便去世了。直到胡克去世，也没有得到世人对他的肯定。

集成霍尔传感器是将霍尔元件、集成电路放大器和薄膜电阻剩余电压补偿器组合而成的一种微型测量磁感应强度的器件，具有体积小、输出信号大、灵敏度高、可靠性好和使用方便等优点。20世纪90年代初，集成霍尔传感器技术得到了迅猛发展，各种功能的集成霍尔传感器不断涌现，在工业、交通、通信等领域的自动控制中得到了大量应用。如磁感应强度、位移、周期和转速的测量，还有液位控制、流量测量、产品计数、角度测量等。

简谐振动是自然界中最基本、最简单的振动，一切复杂的振动都可以看作是若干个简谐振动的合成。因此，研究简谐振动是研究其他复杂振动的基础。本实验用集成霍尔传感器测量周期，从而掌握简谐振动的规律。

实验目的

1. 用焦利秤法测量弹簧劲度系数，验证胡克定律；
2. 测量弹簧做简谐振动的周期，求得弹簧的劲度系数；
3. 研究弹簧振子做谐振动时的周期与振子的质量、弹簧劲度系数的关系。

实验原理

简谐振动

弹簧在外力作用下会产生形变。由胡克定律可知：在弹性变形范围内，外力 F 和弹簧的形变量 Δy 成正比，即

$$F = k\Delta y \tag{2-4-1}$$

式中，k 为弹簧的劲度系数，它与弹簧的形状、材料有关。通过测量 F 和相应的 Δy，就可推算出弹簧的劲度系数 k。

将弹簧的一端固定在支架上，把质量为 M 的物体垂直悬挂于弹簧的自由端，构成一个弹簧振子。若物体在外力作用下离开平衡位置少许，然后释放，则物体就会在平衡点附近做简谐振动，其周期为

$$T = 2\pi\sqrt{\frac{M + pM_0}{k}} \tag{2-4-2}$$

式中，p 是待定系数，它的值近似为1/3；M_0是弹簧自身的质量；pM_0称为弹簧的有效质量。通过测量弹簧振子的振动周期 T，就可以由式（2-4-2）计算出弹簧的劲度系数 k。

霍尔开关（磁敏开关）

集成开关型霍尔传感器简称霍尔开关，它是一种高灵敏度磁敏开关。其脚位分布如图2-4-1所示，实际应用参考电路如图2-4-2 所示。在图2-4-2 所示的电路中，当垂直于该传感器的磁感应强度大于某值时，该传感器处于“导通”状态，这时在 OUT 脚和 GND 脚之

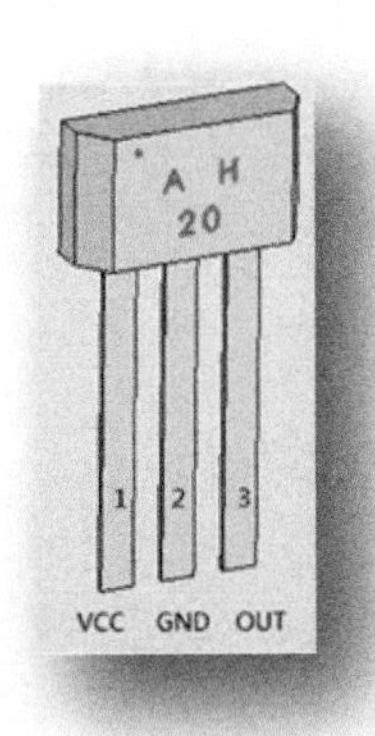

图2-4-1　霍尔开关脚位分布图

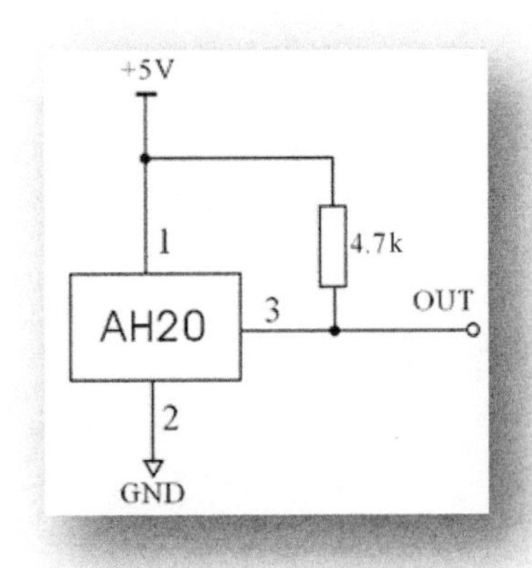

图2-4-2　AH20 参考应用电路

间输出电压极小，近似为零；当磁感应强度小于某值时，输出电压等于 VCC 到 GND 脚之间所加的电源电压。利用集成霍尔开关的这种特性，可以将传感器输出信号接入周期测定仪，测量物体转动的周期或物体移动所需时间。

实验仪器

如图 2-4-3 所示，实验仪器包括新型焦利秤、多功能计时器、弹簧、霍尔开关传感器、磁钢、砝码和砝码盘等。

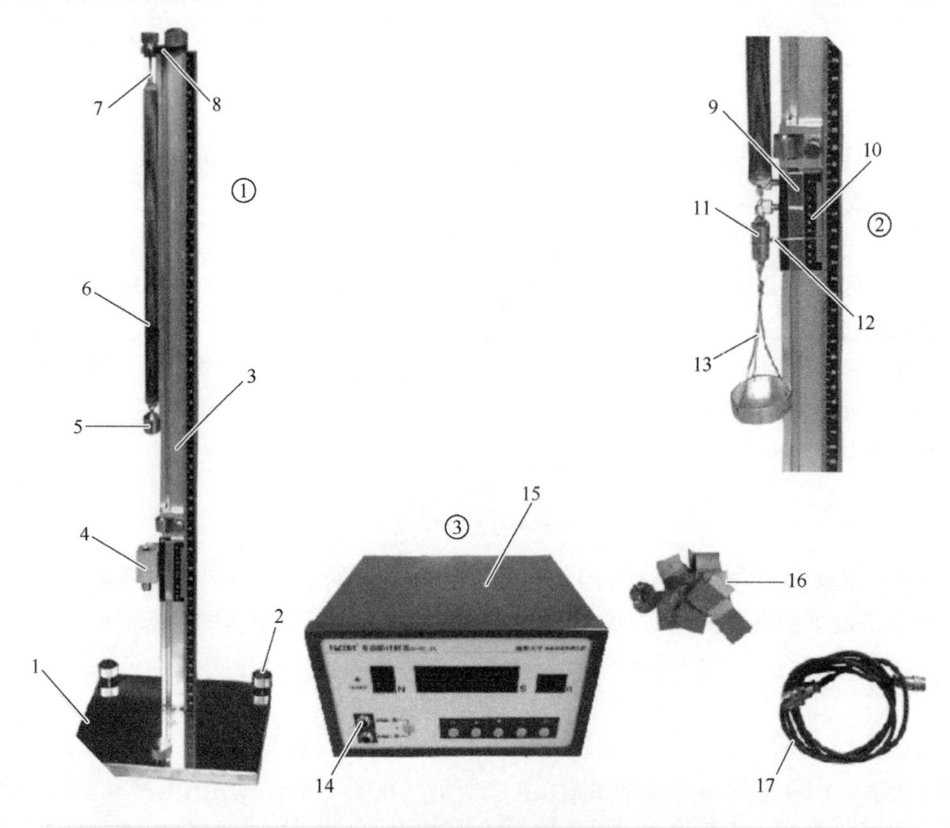

图 2-4-3　简谐振动与弹簧劲度系数实验仪

1—底座　2—水平调节螺钉　3—立柱　4—霍尔开关组件（上端面为霍尔开关，下端面为接口）
5—砝码（简谐振动实验用，开展实验时，在砝码的底面放置直径为 12mm 的小磁钢）　6—弹簧
7—挂钩　8—横梁　9—反射镜　10—游标尺　11—配重砝码组件　12—指针　13—砝码盘
14—传感器接口（霍尔开关）　15—计时器　16—砝码　17—霍尔开关组件与计时器专用连接线

实验内容

用焦利秤测定弹簧的劲度系数 k

（1）将水平仪内的水泡放置在底板上，调节底板上的三个水平调节螺钉，使焦利秤立

柱竖直。

（2）在立柱顶部的横梁上挂上挂钩，再依次安装弹簧、配重砝码组件以及砝码盘；配重砝码组件由两只砝码构成，中间夹有指针，砝码上下两端均有挂钩；配重砝码组件的上端挂弹簧，下端挂砝码盘；实验结构图如图2-4-3中②所示。

（3）调整游标尺的位置，使指针对准游标尺左侧的基准刻线，然后锁紧固定游标的锁紧螺钉；滚动锁紧螺钉左边的微调螺钉使指针、基准刻线以及指针像重合，此时可以通过主尺和游标尺读出初始读数。

（4）先在砝码托盘中放入500mg砝码，然后再重复实验步骤（3），读出此时指针所在的位置值。再往托盘中先后放入10个500mg砝码，通过主尺和游标尺读出每个砝码被放入后小指针的位置值；再依次从托盘中把这10个砝码逐个取下，并记下对应的位置值。（读数时要正视并且确保弹簧稳定后再读数）

（5）根据每次放入或取下砝码时弹簧受力和对应的伸长值，用作图法或逐差法，求得弹簧的劲度系数 k。

表2-4-1 用焦利秤测定弹簧的劲度系数

i	0	1	2	3	4	5	6	7	8	9
载荷 m_i/g	0.5	1.0	1.5	2.0	2.5	3.0	3.5	4.0	4.5	5.0
标尺读数 y_i^+/mm										
标尺读数 y_i^-/mm										
$\overline{y}_i = \dfrac{y_i^+ + y_i^-}{2}\Big/$mm										
加2.5g标尺读数变化 y_{mi}/mm	$y_{m1} = \overline{y}_5 - \overline{y}_0$ =		$y_{m2} = \overline{y}_6 - \overline{y}_1$ =		$y_{m3} = \overline{y}_7 - \overline{y}_2$ =		$y_{m4} = \overline{y}_8 - \overline{y}_3$ =		$y_{m5} = \overline{y}_9 - \overline{y}_4$ =	
平均值 $\overline{y}_m = \dfrac{1}{5}\sum_{i=1}^{5} y_{mi} =$										

测量弹簧做简谐振动时的周期并计算弹簧的劲度系数

（1）取下弹簧下的砝码托盘、配重砝码组件，在弹簧上挂入20g铁砝码（砝码上有小孔）。将小磁钢吸附在砝码的下端面（注意磁极，否则霍尔开关将无法正常工作）。

（2）将霍尔开关组件装在镜尺的左侧面，霍尔元件朝上，接口插座朝下，如图2-4-3中①所示；通过专用连接线把霍尔开关组件与多功能计时器的传感器接口相连。

（3）打开计时器电源，仪器预热5～10min。

（4）上下调节游标尺位置，使霍尔开关与小磁钢间距约4cm；确保小磁钢位于砝码端面中心位置并与霍尔开关敏感中心正面对准，以使小磁钢在振动过程中有效触发霍尔开关，当霍尔开关被触发时，计时器上的信号指示灯将由亮变暗。

（5）向下垂直拉动砝码，使小磁钢贴近霍尔传感器的正面，这时可观察到计时器信号指示灯变亮；然后松开手，让砝码上下振动，此时信号指示灯将闪烁。

（6）设定计时器计数次数为50次，然后开始计时，总共测量6次，通过测量的时间计算振动周期以及弹簧的劲度系数。

注意事项

（1）实验时弹簧每圈之间要有一定距离，确保其一定伸长，以克服弹簧自身的静摩擦力，否则会带来较大误差。

（2）在弹簧弹性限度内使用弹簧，不可随意玩弄拉伸弹簧。

（3）实验完成后，需取下弹簧，防止弹簧长时间处于伸长状态。

（4）砝码要妥善保管，并放置在干燥环境中。

（5）小磁钢有磁性，要远离易被磁化的物体。

分析与思考

1. 集成霍尔开关测量周期有何优点？你是否可以举些例子来说明集成霍尔开关的应用？
2. 试设计一实验方案确定弹簧的等效质量。

实验 4 选读

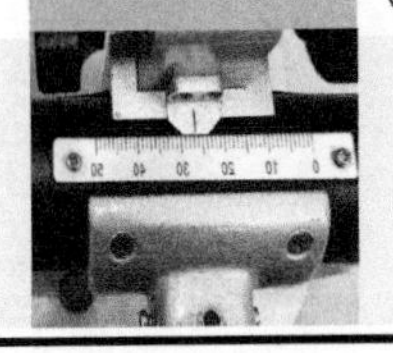

实验5

用气垫摆测量转动惯量

名人轶事

艾萨克·牛顿爵士（Sir Isaac Newton，1643—1727），英国皇家学会会长，英国著名的物理学家，百科全书式的“全才”，著有《自然哲学的数学原理》《光学》等著作。

他在1687年发表的论文《自然定律》里，对万有引力和三大运动定律进行了描述。这些描述奠定了此后三个世纪里物理世界的科学观点，并成为现代工程学的基础。他通过论证开普勒行星运动定律与他的引力理论间的一致性，展示了地面物体与天体的运动都遵循着相同的自然定律；为太阳中心说提供了强有力的理论支持，并推动了科学革命。

在力学方面，牛顿阐明了动量和角动量守恒的原理，提出牛顿运动定律。在光学方面，他发明了反射望远镜，并基于对三棱镜将白光发散成可见光谱的观察，发展出了颜色理论。他还系统地表述了冷却定律，并研究了音速。

在数学方面，牛顿与戈特弗里德·威廉·莱布尼茨分享了开创微积分学的荣誉。他还证明了广义二项式定理，提出了“牛顿法”以趋近函数的零点，并为幂级数的研究做出了贡献。

转动惯量是描述刚体转动基本规律的重要物理量，是物体转动惯性大小的量度。测量物体特别是一些不规则物体的转动惯量，在科学研究和工程应用中具有实用意义。

实验目的

1. 了解气垫摆的构造及其测量转动惯量的原理；
2. 学习气垫摆的调节和使用方法，掌握物理天平和游标卡尺的使用方法；
3. 测量圆环、圆柱和飞机模型的转动惯量，并验证转动惯量的平行轴定理。

实验原理

气垫摆的结构如图2-5-1所示。打开气源后，通过气室上的许多小孔射出的气流会托起摆轮，使其悬浮在气室上，摆轮在摆动过程中受到的阻尼力矩降到最低。摆轮和一个平卷簧连接在一起，当摆轮转离平衡位置时，平卷簧则会产生回复力矩。因此若将摆轮适当地转过一个角度后释放，则它在平卷簧提供的回复力矩的作用下做周期性摆动。

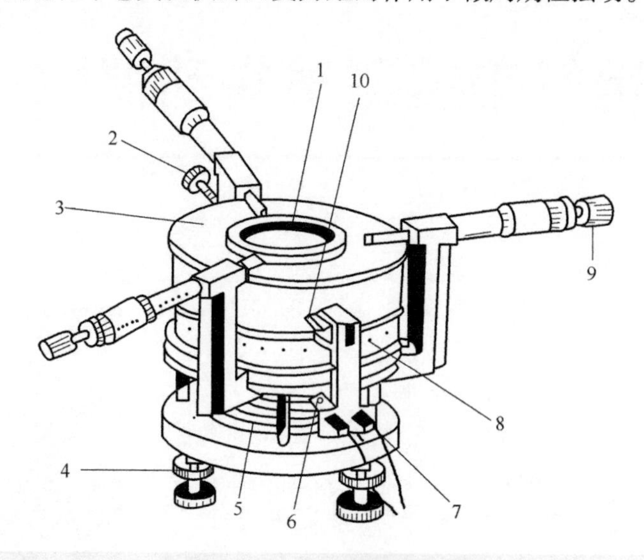

图 2-5-1　气垫摆结构示意图

1—被测物体　2—止动螺钉　3—摆轮　4—水平调节螺钉　5—平卷簧　6—水平仪
7—红外传感器插头　8—气室出气小孔　9—螺旋测微器　10—挡光片

设 φ、$\omega(=\mathrm{d}\varphi/\mathrm{d}t)$ 分别为摆轮的角位移和角速度，D 为平卷簧的刚度，根据力学原理，气垫摆在摆动过程中的机械能由摆轮的转动动能和平卷簧的弹性势能组成，即

$$E=\frac{1}{2}J_0\omega^2+\frac{1}{2}D\varphi^2 \tag{2-5-1}$$

式中，J_0是摆轮绕其中心轴的转动惯量。若忽略摆轮摆动时所受到的空气黏滞阻力矩，则系统的机械能守恒，即

$$E=\frac{1}{2}J_0\omega^2+\frac{1}{2}D\varphi^2=\text{常数} \tag{2-5-2}$$

上式对时间求导，得

$$J_0\frac{\mathrm{d}\varphi}{\mathrm{d}t}\frac{\mathrm{d}^2\varphi}{\mathrm{d}t^2}+D\frac{\mathrm{d}\varphi}{\mathrm{d}t}\varphi=0 \tag{2-5-3}$$

或

$$\frac{\mathrm{d}^2\varphi}{\mathrm{d}t^2}+\omega_0^2\varphi=0 \tag{2-5-4}$$

式中，$\omega_0=\sqrt{\dfrac{D}{J_0}}$，为摆动的圆频率。式（2-5-4）是一个谐振动方程，其解为

$$\varphi=\varphi_{\mathrm{m}}\sin(\omega_0 t+\phi) \tag{2-5-5}$$

式中，φ_{m}为最大角位移（振幅）；ϕ 是振动初相位。摆轮的摆动周期为

$$T_0=\frac{2\pi}{\omega_0}=2\pi\sqrt{\frac{J_0}{D}} \tag{2-5-6}$$

式中，平卷簧的刚度 D 可用下式计算：

$$D=\frac{Ebh^3}{12L} \tag{2-5-7}$$

其中，b、h、L 分别为平卷簧的宽度、厚度和长度；E 为平卷簧的弹性模量。对某一特定的平卷簧，D 是常数，由生产厂家提供。

由式（2-5-6），得

$$J_0=\frac{D}{4\pi^2}T_0^2 \tag{2-5-8}$$

上式为摆轮的转动惯量与摆动周期之间的关系式。

若将待测物体置于摆轮台面上，测得它们的摆动周期为 T，则该物体绕摆轮中心轴的转动惯量为

$$J=\frac{D}{4\pi^2}(T^2-T_0^2) \tag{2-5-9}$$

上式为运用气垫摆测量物体转动惯量的计算公式。

根据不确定度理论，由式（2-5-9）测量的转动惯量的不确定度为

$$U_J=J\sqrt{\left(\frac{U_D}{D}\right)^2+\left(\frac{2TU_T}{T^2-T_0^2}\right)^2+\left(\frac{2T_0U_{T_0}}{T^2-T_0^2}\right)^2} \tag{2-5-10}$$

式中，D、U_D由生产厂家提供。

将两个形状和质量相同的圆柱体沿直径方向对称地置于摆轮台面上，测得它们绕摆轮中心轴的合转动惯量 J_3，则每个圆柱体绕摆轮中心轴的转动惯量 J_3'为

$$J_3'=\frac{1}{2}J_3 \tag{2-5-11}$$

根据转动惯量的平行轴定理

$$J_{30}'=\frac{1}{8}m_3d^2+m_3x^2 \tag{2-5-12}$$

式中，m_3是单个圆柱体的质量；x 为圆柱体的中心与摆轮的轴心之间的距离；d 为圆柱体的直径。比较 J_3'和 J_{30}'，可验证转动惯量的平行轴定理。

实验仪器

本实验的实验仪器有气垫摆（见图2-5-2）、微音气源（见图2-5-3）、力学实验多功能测量仪（见图2-5-4）、电子天平（见图2-5-5）、游标卡尺等。

（1）气垫摆

气垫摆由摆轮、平卷簧、气室等部分组成，如图2-5-2 所示。水平仪用于调节摆轮的水平状态，使得摆轮和气室支撑面之间形成的薄气层均匀，从而使摆轮正常摆动。气泵输出的气流进入气室，进气量可调节（一般由实验室调好）。摆轮工作台面上刻有直径依次为40. 0mm、80. 0mm、120. 0mm 和160. 0mm 的同心圆，可对被测物体进行粗略定位，要求较精确定位时，可使用仪器上三个相互间隔 120°的螺旋测微器。

（2）微音气源

微音电源用于产生气流从而使摆轮浮动，通过调节气源上的调节旋钮可以调节输出气流

强度。如图 2-5-3 所示。

图 2-5-2　气垫摆

图 2-5-3　微音气源

（3）力学实验多功能测量仪

该仪器可用于测量摆轮振动周期，同时也为用户提供了一个简单易用的人机界面（见图 2-5-4），通过该界面，实验者可以方便地实现测量周期的设置、计时开始和复位、测量数据查询等功能。

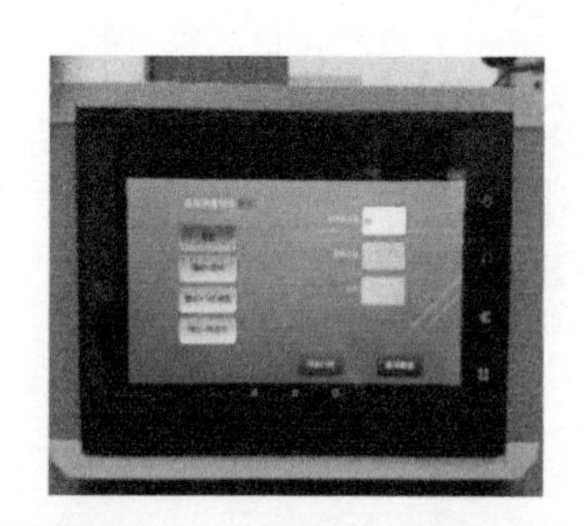

图 2-5-4　力学实验多功能测量仪

图 2-5-5　电子天平

实验内容

打开气源的电源开关，在摆轮被气室射出的气流托起后，轻轻地将摆轮顺时针转过一个适当的角度（约 10°），然后释放摆轮使其摆动。调节光电门支架的高度，使得摆轮测量挡片可以无阻碍通过光电门。将力学实验多功能测量仪的测量周期设置为 20，完成准备工作。

测量规则物体（钢质圆环）**绕其中心轴的转动惯量**

测出摆轮摆动 20 个周期所需的时间 t_0（即 $20T_0$），重复六次，计算摆轮摆动周期 T_0。

将圆环置于摆轮工作台面上并与摆轮同轴。将摆轮转过与其空载时相同的角度后释放，圆环将与摆轮一起做简谐振动，同样测出摆动 20 个周期所需的时间 t_1（即 $20T_1$），重复六次，计算圆环的转动惯量 J_1。

由力学原理可知，圆环绕其中心轴转动的转动惯量的理论计算公式为

$$J_{10} = \frac{1}{8}m_1(d_{内}^2 + d_{外}^2) \tag{2-5-13}$$

式中，m_1为圆环质量，由天平测量；$d_{内}$、$d_{外}$分别为圆环的内、外径，由游标卡尺测量。将环的转动惯量测量值与理论计算值进行比较，求相对误差，并分析误差产生的原因。

测量不规则物体——飞机模型绕摆轮中心轴的转动惯量

将飞机模型置于摆轮台面上，使飞机模型中心轴（即其支架底座的中轴线）与摆轮中心轴基本同轴。用与前面相同的方法测出飞机模型的转动惯量J_2。

验证转动惯量的平行轴定理

将两个圆柱体对称地置于摆轮台面直径为120.00mm的定位圆上（与该圆周线外切），测出两圆柱体绕摆轮中心轴的合转动惯量J_3。

测出圆柱体质量m_3、直径d及圆柱与摆轮的轴心距x，分别用式（2-5-11）和式（2-5-12）算出单个圆柱体的转动惯量，验证平行轴定理，求出两种结果的相对误差：

$$E_3 = \frac{J'_3 - J'_{30}}{J'_{30}} \times 100\%$$

注意事项

（1）摆轮振动角的幅度要控制在10°左右，过大的角度会使得系统阻尼过大，从而引起较大测量误差。

（2）将待测物体放置在摆轮上时，要注意利用摆轮上表面的定位线将待测物体的中轴线和摆轮的中轴线重合，以防止摆轮在振动过程中倾斜。

原始数据记录与处理要求

数据表格（见表2-5-1、表2-5-2）

表2-5-1　实验数据表一　（单位：s）

物　体	摆　轮	摆轮+圆环	摆轮+飞机模型	摆轮+两圆柱
次序＼时间t	t_0（即$20T_0$）	t_1（即$20T_1$）	t_2（即$20T_2$）	t_3（即$20/T_3$）
1				
2				
3				
4				
5				
6				
$\bar{t}$	$\bar{t}_0=$	$\bar{t}_1=$	$\bar{t}_2=$	$\bar{t}_3=$
$\bar{T}$	$\bar{T}_0=$	$\bar{T}_1=$	$\bar{T}_2=$	$\bar{T}_3=$

表 2-5-2 实验数据表二

次序		1	2	3	4	5	6	平均
圆柱	直径 d/cm							
	距离 x/cm							
圆环	$d_{内}$/cm							
	$d_{外}$/cm							
质量	圆环 m_1/g							
	圆柱 m_3/g							

处理要求

（1）计算圆环以圆心为转轴的转动惯量测量值 J_1、理论值 J_{10}、相对误差 E_1；

（2）计算飞机模型以中心轴为转轴的转动惯量测量值 J_2；

（3）计算圆柱体转动惯量测量值 J_3，利用平行轴定理求出理论值 J_{30}、相对误差 E_3，并验证平行轴定理。

分析与思考

1. 由于采用了气垫装置，使气垫摆的摆轮在摆动过程中受到的空气黏滞阻尼力矩可以忽略不计。但如果考虑这种阻尼的存在，试问它对气垫摆的摆动（如频率等）有无影响？在摆轮的摆动过程中，阻尼力矩是否保持不变？

2. 为什么圆环的内、外径只需单次测量？实验中对转动惯量的测量精度影响最大的因素是什么？

3. 试总结用气垫摆测量物体转动惯量的方法有什么基本特点？

实验 5 选读

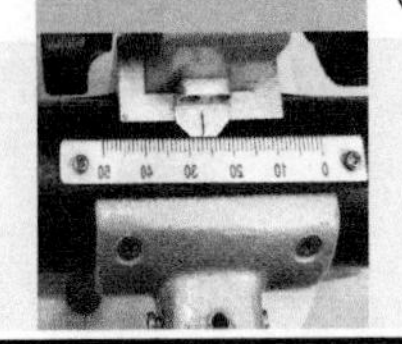

实验6

电阻元件伏安特性的测量

名人轶事

格奥尔格·西蒙·欧姆（Georg Simon Ohm，1789—1854），德国物理学家。

欧姆发现了电阻中电流与电压的正比关系，即著名的欧姆定律；他还证明了导体的电阻与其长度成正比，与其横截面积和传导系数成反比；以及在稳定电流的情况下，电荷不仅在导体的表面上，而且在导体的整个截面上运动。电阻的国际单位“欧姆”正是以他的名字命名。欧姆的名字也被用于其他物理及相关技术内容中，比如“欧姆接触”“欧姆杀菌”“欧姆表”等。

科学真理之光

1827年，欧姆发表《伽伐尼电路的数学论述》，从理论上论证了欧姆定律，欧姆原以为他的研究成果一定会受到学术界的承认还会有人请他去教课。可是他想错了。书的出版遭到不少讽刺和诋毁，大学教授们看不起他这个中学教师。德国人鲍尔攻击他说：“以虔诚的眼光看待世界的人还是不要去读这本书，因为它简直是难以置信的欺骗，其存在的唯一目的就是要亵渎自然的尊严。”这一切使欧姆十分伤心，他在给朋友的信中写道：“伽伐尼电路的诞生已经给我带来了巨大的痛苦，我真抱怨它生不逢时……”

当然也有不少人为欧姆抱不平，发表欧姆论文的《化学和物理杂志》主编施韦格（即电流计发明者）写信给欧姆说：“请您相信，在乌云和尘埃后面的真理之光最终会透射出来，并含笑驱散它们。”欧姆辞去了在科隆的职务，又去当了几年私人教师，直到七八年之后，随着研究电路工作的进展，人们逐渐认识到欧姆定律的重要性，欧姆本人的声誉也大大提高。

电阻元件的伏安特性是指元件的端电压与通过该元件电流之间的函数关系。通过一定的测量电路，用电压表和电流表可测定电阻元件的伏安特性，由测得的伏安特性就可以了解该元件的导电特性。

实验目的

1. 掌握稳压电源、电流表、电压表等基本电学仪器的使用方法；
2. 学习测量电阻元件伏安特性的方法。

实验原理

伏安法测线性电阻

通过测量得到元件伏安特性的方法称为伏安测量法（简称伏安法）。把电阻元件上的电压取为纵（或横）坐标，电流取为横（或纵）坐标，根据测量所得数据，画出电压和电流的关系曲线，称为该电阻元件的伏安特性曲线。

线性电阻元件的伏安特性满足欧姆定律，即元件两端的电压 U 与通过该元件电流 I 之间的关系为线性关系，即 $U=IR$，R 为常量，称为电阻的阻值，其伏安特性曲线是一条过坐标原点的直线，如图 2-6-1a 所示。一般金属导体的电阻是线性电阻。

非线性电阻元件不遵循欧姆定律，它的阻值 R 随着其电压或电流的改变而改变，即不是一个常量。如白炽灯、热敏电阻、光敏电阻、二极管、三极管等，它们的伏安特性是一条过坐标原点的曲线，如图 2-6-1b 所示。

在被测电阻元件上施加不同极性和幅值的电压，测量出流过该元件中的电流；或在被测电阻元件中通入不同方向和幅值的电流，测量该元件两端的电压，便得到被测电阻元件的伏安特性。

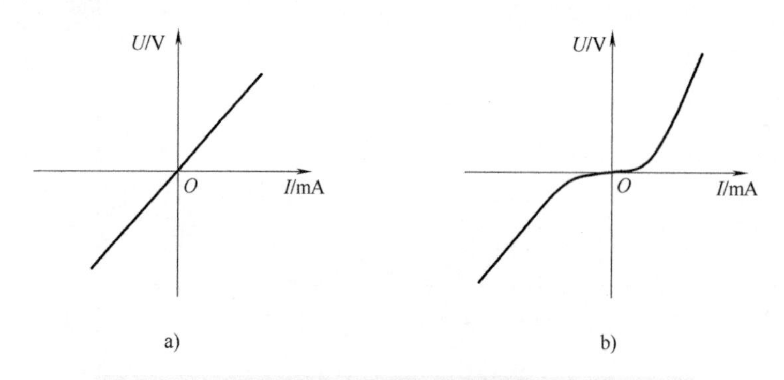

图 2-6-1　伏安特性曲线

a）线性电阻的伏安特性曲线　b）非线性电阻的伏安特性曲线

伏安法测电阻有两种接线方式，分别如图 2-6-2 和图 2-6-3 所示。由于电表内阻的影响，无论采用哪一种接法总存在方法误差（也称为电表的接入误差），但经修正后，都可获得正

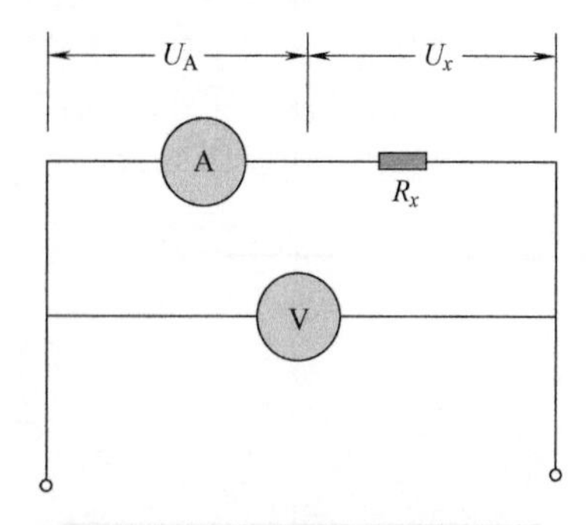

图 2-6-2　电流表内接电路图

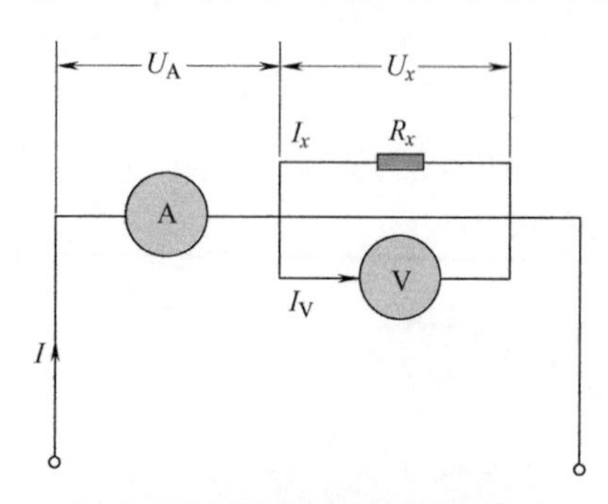

图 2-6-3　电流表外接电路图

确的结果。假如内阻未知，则根据待测电阻是高阻还是低阻选用内接法或外接法，使测量结果更准确些。一般情况下，电压表的内阻总是相当大的（几千欧或几十千欧以上），而电流表的内阻总是比较小的（几十欧或几欧以下）。所以，当待测电阻较小时，即当 $R_x << R_V$ 时，采用电流表外接电路；当待测电阻较大时，即当 $R_x >> R_A$ 时，采用电流表内接电路。

实验仪器

本实验提供的主要器材有滑线变阻器（见图 2-6-4）、直流毫安表（见图 2-6-5a）、直流电压表（见图 2-6-5b）、直流稳压电源（见图 2-6-6）、待测电阻及小灯泡等。

图 2-6-4　滑线变阻器

a)　　b)

图 2-6-5　电表

a）直流毫安表　b）直流电压表

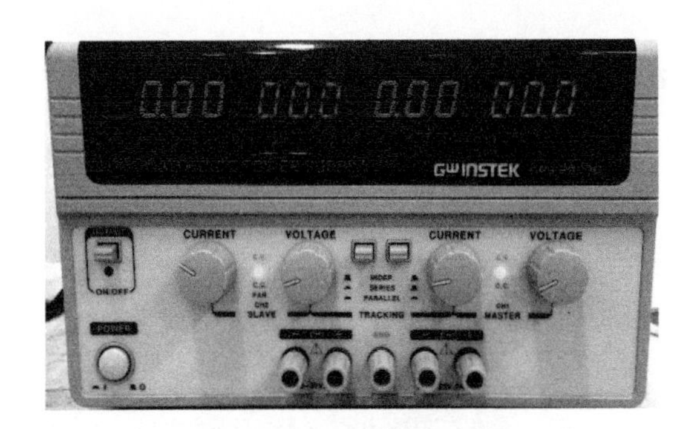

图 2-6-6　直流稳压电源

实验内容

测量线性电阻的伏安特性

待测电阻的标称阻值分别为 R_{x1} 为 100Ω，R_{x2} 为 10kΩ。

根据自己设计的方案选用图 2-6-7 所示的线路测定这两个电阻的阻值。调节分压器（滑线变阻器的滑动端 C），每个阻值测五组 U、I 值，填入表 2-6-1。注意五组数据中要分别有小于1/3量程的和大于2/3量程的值，并利用作图法求线性电阻元件的电阻。

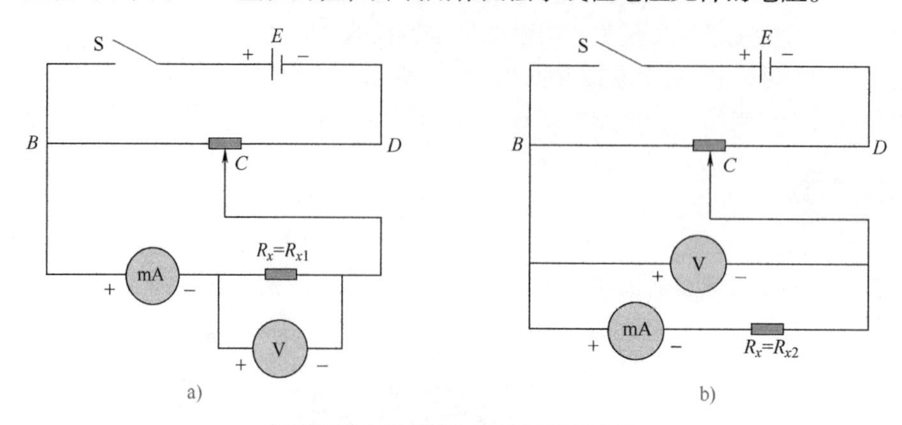

图2-6-7 测电阻伏安特性线路图

a）电流表外接法 b）电流表内接法

表2-6-1 电阻伏安特性测量实验数据表

	$R_{x1}=100\Omega$					$R_{x2}=10\text{k}\Omega$				
N	1	2	3	4	5	1	2	3	4	5
I/mA										
U/V										
R/Ω										

测量小灯泡的伏安特性

按图2-6-8连接电路，调节分压器测10组U、I值，填入表2-6-2。

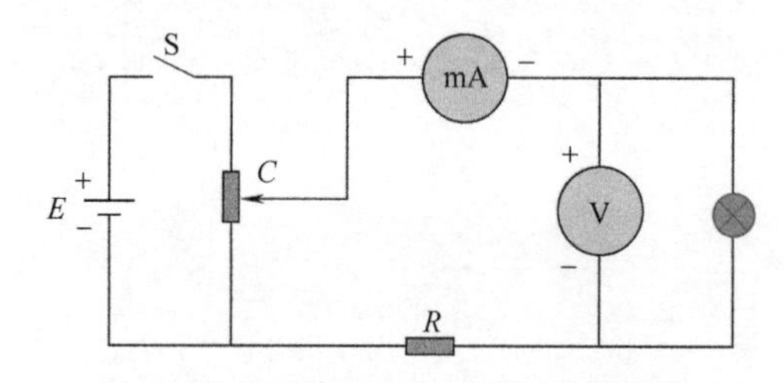

图2-6-8 测量小灯泡伏安特性电路

根据测得的数据绘制非线性电阻伏安特性曲线，并计算出不同电压下非线性电阻的阻值。

表2-6-2 小灯泡伏安特性测量实验数据表

N	1	2	3	4	5	6	7	8	9	10
I/mA										
U/V										
R/Ω										

分析与思考

1. 在图 2-6-9 所示的分压电路中，取滑线变阻器的滑动端 C 和固定端 A 作为分压输出端接至负载，哪端电位高，哪端电位低？分压输出为零时 C 端应位于什么位置？

2. 如果分压电路被误接成如图 2-6-10 所示的接法，将会发生什么问题？

3. 在伏安法测电阻实验中，改变电流表或电压表量程对测量结果有无影响，为什么？在实验时是否允许改换量程？

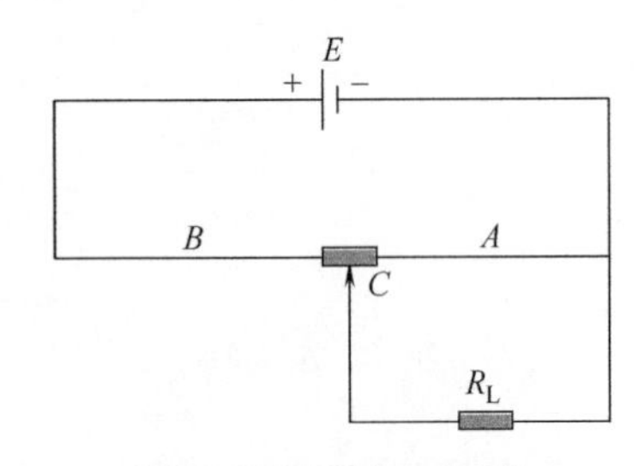

图 2-6-9　分压电路

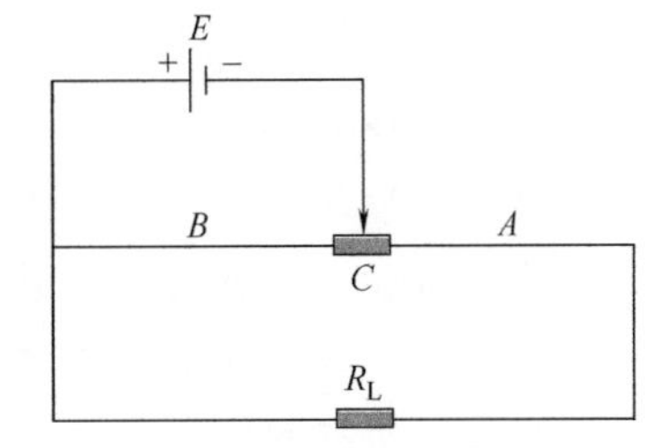

图 2-6-10　分压电路（错误接法）

实验 6 选读

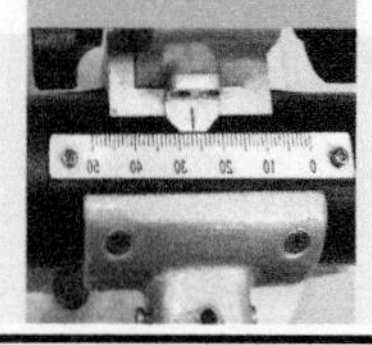

实验7

电桥测电阻

名人轶事

查尔斯·惠斯通（Charles Wheatstone，1802—1875）是19世纪英国著名的物理学家，他一生在多个领域为科学技术的发展做出了贡献。惠斯通没有接受过任何正规的科学教育，但他善于学习、思考和钻研，通过自学迈入了科学殿堂。

惠斯通电桥不是惠斯通发明的

在测量电阻及其他电学实验时，经常会用到一种叫惠斯通电桥的电路，很多人认为这种电桥是惠斯通发明的，其实，这是一个误会，这种电桥是由英国发明家克里斯蒂在1833年发明的，但是由于惠斯通第一个用它来测量电阻，所以人们习惯上就把这种电桥称作惠斯通电桥。

促进英国人承认欧姆定律

欧姆定律建立于1826年至1827年间，由于当时英国人尚未形成电学中有关的清晰概念以及他们原本对电学规律认识的错误观点，因而欧姆定律传入英国后难以被人们接受。1843年惠斯通公布了他用实验对欧姆定律的证明结果，在做这个实验的过程中，他还发明了变阻器和使用了电桥，借助于变阻器和电桥，惠斯通用一种新的方法测量电阻和电流，通过惠斯通的实验结果，英国人充分认识到了欧姆定律的正确性。

首次制造了一套实用的电报系统

惠斯通早在研究声学时就推测声音通过长距离传播的可能性，19世纪30年代初他就致力于电报的研究。1837年，惠斯通和库克（W. F. Cooke）发明了五针电报机并得到了他们的第一份电报专刊，同年，他们又安装了大约1mile（=1609.344m）长的演示线路。在接下来的岁月中，惠斯通经过研究还发明了印刷电报机和单针电报机，进行海底电报实验，创立“惠斯通-库克”电报公司，这些都促进了英国电报业的迅速发展。

电桥是测量电阻的常用仪器，具有测试灵敏、测量精确、使用方便等优点，所以在工程技术测量中得到广泛应用。电桥可分为直流电桥和交流电桥，物理实验中常使用直流电桥。直流电桥又分为单臂电桥和双臂电桥，前者常称为惠斯通电桥，主要用于测量中值电阻（$10 \sim 10^6\Omega$）；后者常称为开尔文电桥，适用于测量10Ω以下的低值电阻。本实验主要介绍惠斯通电桥。

实验目的

1. 通过本实验理解并掌握"惠斯通电桥"测定电阻的原理和方法；
2. 学习用滑线式单臂电桥测量电阻，熟练掌握箱式单臂电桥的使用方法。

实验原理

惠斯通电桥的工作原理

惠斯通电桥（又称单臂电桥）的基本电路如图 2-7-1 所示。R_1（R_x）、R_2、R_3、R_4组成一四边形 $ABCD$，每条边称为电桥的一个桥臂，在四边形的对角 A 和 C 之间接有直流电源 E，在另一对角 B 和 D 之间接上检流计 G 和保护电阻 R_G。电桥的"桥"就是指这条对角线，其作用就是比较"桥"两端 B 点和 D 点的电位。

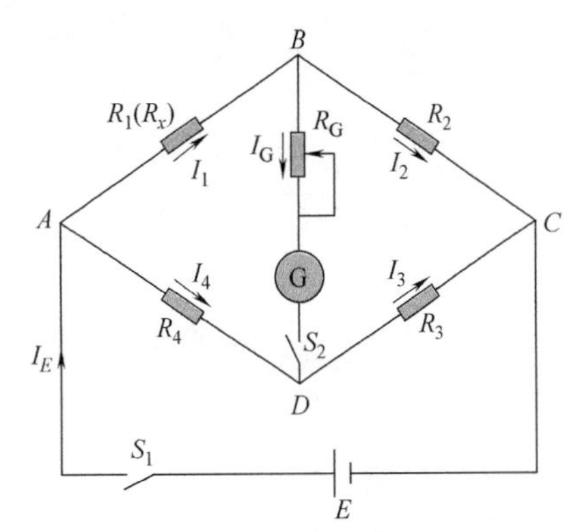

图 2-7-1　惠斯通电桥原理电路

测量时，桥臂 AB 通常接待测电阻 R_x，其余桥臂上接可以调节的标准电阻，调节 R_2、R_3和 R_4使 B 和 D 两点电位相等，此时电桥平衡，电桥平衡时有

$$I_1R_1 = I_4R_4,\ I_2R_2 = I_3R_3,\ I_1 = I_2,\ I_3 = I_4$$

从而可得$\dfrac{R_1}{R_4} = \dfrac{R_2}{R_3}$，即

$$R_x(R_1) = \frac{R_4}{R_3}R_2 \quad 或 \quad R_x = \frac{R_2}{R_3}R_4 \qquad (2\text{-}7\text{-}1)$$

式中，$\dfrac{R_4}{R_3}\left(或\dfrac{R_2}{R_3}\right)$称电桥的倍率，相应电阻所在的桥臂称为比例臂；而 R_2（或 R_4）则是用来与 R_x进行比较的电阻，所在的桥臂称为比较臂。电桥法测电阻，实际上是用比较法进行测量的，被测电阻 R_x等于倍率乘以比较臂的电阻值。

调节电桥达到平衡有两种方法，一种是选定倍率 R_4/R_3为某值，只调节比较臂上的电阻 R_2使电桥达到平衡；另一种方法是选定比较臂 R_2为定值不变，调节倍率 R_4/R_3的比值从而使电桥达到平衡。第一种测量方法的精度较高，是实际测量中常用的方法。

由式（2-7-1）可知，被测电阻 R_x的准确程度取决于$\dfrac{R_4}{R_3}$和 R_2的准确程度，若保持$\dfrac{R_4}{R_3}$不变，把 R_2和 R_x的位置互相交换（见图 2-7-1），再调节 R_2使电桥平衡，测得 R_2'，则

$$R_x = \frac{R_3}{R_4}R_2' \qquad (2\text{-}7\text{-}2)$$

联立式（2-7-1）、式（2-7-2）可得

$$R_x = \sqrt{R_2R_2'} \qquad (2\text{-}7\text{-}3)$$

由于式（2-7-3）中 R_x与 R_4、R_3无关，因此消除了因比例臂 R_4、R_3的数值不准而引起的系统误差。这种将测量中的某些元件相互交换位置，从而抵消了系统误差的方法，是处理

系统误差的基本方法之一，称为交换法。

实验仪器

本实验提供的主要器材有直流电阻箱（见图2-7-2）、直流稳压电源（见图2-7-3）、直流检流计（见图2-7-4）、保护电阻、数字万用表（见图2-7-5）、待测电阻、滑线式单臂电桥、QJ23 型箱式惠斯通电桥等。

图 2-7-2　直流电阻箱

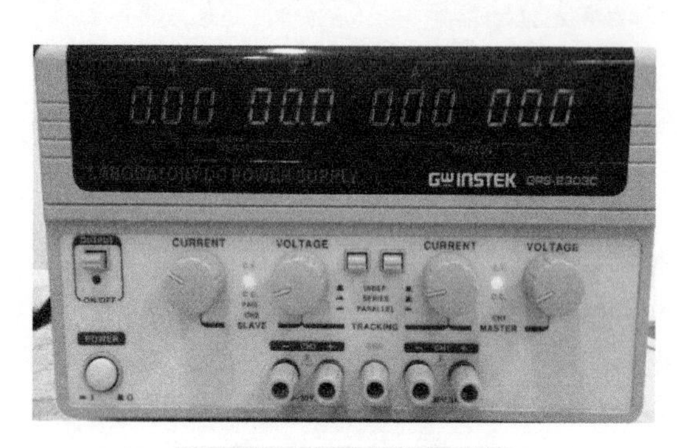

图 2-7-3　直流稳压电源

图 2-7-4　直流检流计

图 2-7-5　数字万用表

滑线式惠斯通电桥

滑线式惠斯通电桥如图2-7-6所示，画有斜线部分为铜片，起连接作用，G为检流计，R_G为检流计的保护电阻，AC为均匀电阻丝，D为滑动刀口，刀口未按下时，检流计电路不通，故刀口具有开关作用。按下刀口 D_1（或 D_2），刀口位置可由下面的米尺读出，同时刀口又把粗细均匀电阻丝分为左、右两段，故有 $R_4/R_3=L_4/L_3$，电桥平衡时，有

$$R_x=\frac{L_4}{L_3}R_2 \tag{2-7-4}$$

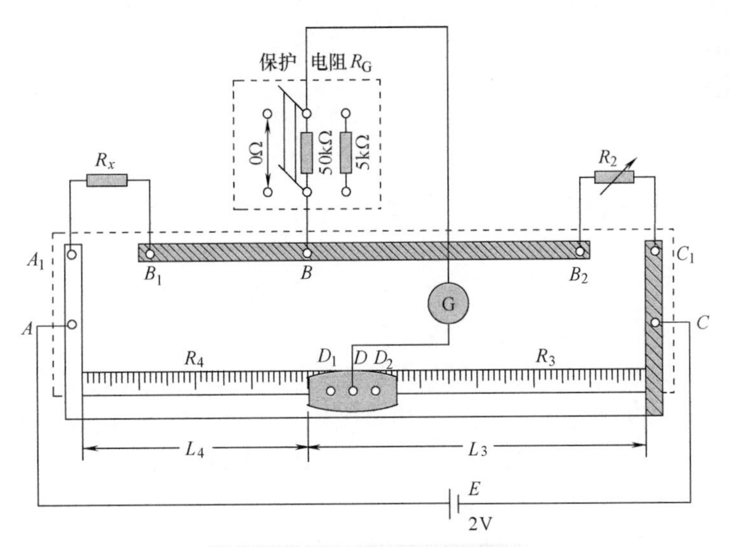

图 2-7-6　滑线式惠斯通电桥

QJ23 型箱式惠斯通电桥

将组成电桥的各元件组装在一个箱子内，成为便于携带、使用方便的箱式电桥。QJ23 型是实验室广泛应用的一种箱式电桥，其面板如图 2-7-7 所示。使用时，当待测电阻超过 50kΩ 时，或在测量中转动比较臂最小一档转盘（×1 档），已难分辨检流计的指针偏转，此时需外接高灵敏的检流计，以提高测量结果的正确性。

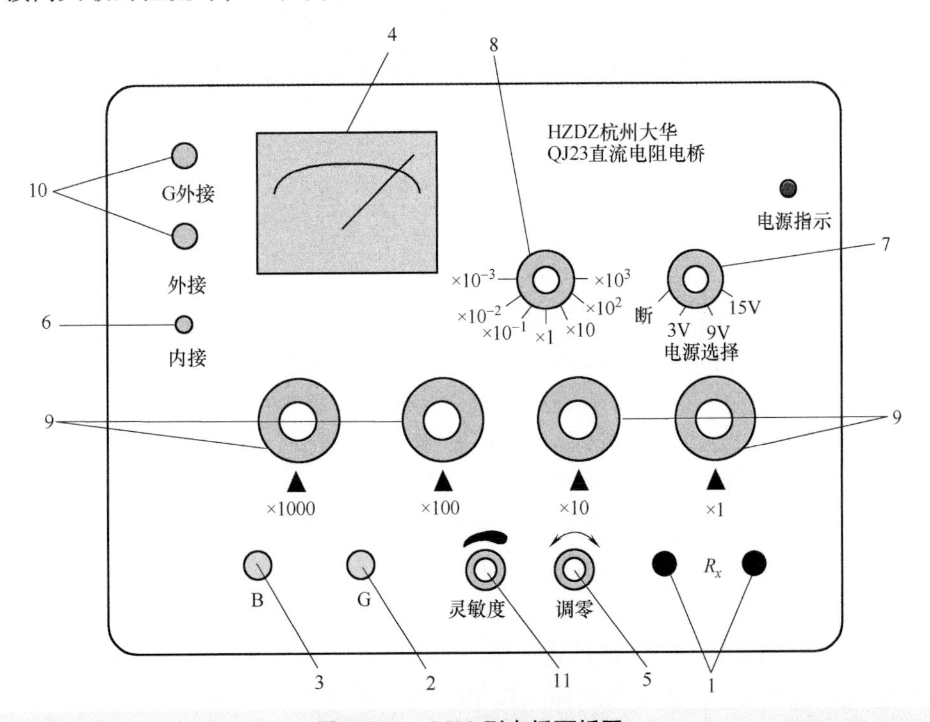

图 2-7-7　QJ23 型电桥面板图

1—待测电阻接线柱　2—检流计按钮　3—电源按钮　4—检流计　5—检流计调零旋钮　6—检流计内、外接选择　7—电源选择　8—倍率　9—比较臂旋钮　10—外接检流计接线柱　11—灵敏度调节旋钮

实验内容

1. 粗测电阻

用数字万用表分别粗测未知电阻 R_x 及两个电阻的并联电阻 $R_{并}$，注意合理选择量程和正确表达测量结果。

$R_x =$ ________ Ω，$R_{并} =$ ________ Ω

2. 用滑线式惠斯通电桥测量上述电阻 R_x

（1）打开稳压电源，在空载条件下调节输出电压约为 2.0V，关上电源。

（2）按图 2-7-6 连接好线路，R_2 用电阻箱代替，而 R_4、R_3 可用电阻丝长度代替。

（3）取倍率 $M = R_4/R_3 = L_4/L_3 = 1$，即放置刀口 D_1 或 D_2 在 50cm 处，并预置电阻箱的示值 R_2 为 R_x 的粗测值。

（4）打开电源，保护电阻取"粗调"位置，在 50cm 处轻轻按下刀口 D_1 或 D_2，调节电阻箱示值，使检流计趋近于零；松开刀口，保护电阻取"中调"，再次按下刀口，调节电阻箱，使检流计趋零，最后保护电阻取"细调"，微调电阻箱示值直至检流计指零，此时电桥平衡，记下电阻箱上的 R_2 值，填入表 2-7-1 中。

保持倍率 $M = R_4/R_3 = 1$ 不变，交换 R_x 与电阻箱的位置，重复上述调节使电桥平衡，记下 R'_2 值，填入表 2-7-1 中。由 $\overline{R}_x = \sqrt{R_2 R'_2}$ 求出电阻值，用不确定度合成公式求出 U_{R_x}，最后写成 $R_x = \overline{R}_x \pm U_{R_x}$。

表 2-7-1　滑线式惠斯通电桥测电阻实验数据表

	R_2	R'_2	$\overline{R}_x = \sqrt{R_2 R'_2}$
R/Ω			

R_x 的不确定度可按下式计算：

$$U_{R_x} = \frac{\overline{R}_x}{2}\sqrt{\left(\frac{U_{R_2}}{R_2}\right)^2 + \left(\frac{U_{R'_2}}{R'_2}\right)^2} \tag{2-7-5}$$

式中，U_{R_2}、$U_{R'_2}$ 表示电阻箱示值分别为 R_2 和 R'_2 时所对应的电阻不确定度。因实验中 R_2、R'_2 为单次测量，故不确定度就是电阻箱的仪器误差，其仪器误差为

$$\Delta R = \sum a_i \% R_i + 0.002m(\Omega)$$

式中，a_i 为电阻箱各转盘的准确度等级（见标牌）；R_i 是调节后各转盘的示值；而第二项是由转盘的接触电阻引起的误差；m 是指接入电路的转盘数。

3. 用 QJ23 型箱式惠斯通电桥测量上述电阻 R_x 和 $R_{并}$

（1）打开电源开关，选择电源电压为 3V。

（2）把"G"选择开关拨向"内接"，调节"调零"旋钮使检流计指零。

（3）接上待测电阻 R_x，根据 R_x 的粗测值，选择合适的倍率 M，填入表 2-7-2 中，然后转动比较臂 R_4 上的四个旋钮，使读数之和乘以倍率 M 后约等于 R_x 的粗测值。注意："×1000"档不能为 0。

（4）按下开关 B，点按 G，观察指针偏转，调节比较臂旋钮，使电桥平衡，记下 R_4 的

总读数值，填入表 2-7-2 中，则待测电阻 $R_x = MR_4$。

（5）测量完毕，松开 B、G 按钮，关闭电源开关。

表 2-7-2　QJ23 型箱式惠斯通电桥测电阻实验数据表

	倍率 M	比较臂电阻 R_4	$R_x = MR_4$
R/Ω			
$R_{并}/\Omega$			

分析与思考

1. 试证明惠斯通电桥平衡时，四个桥臂的阻值应满足 $R_1R_3 = R_2R_4$。

2. 若惠斯通电桥中有一个桥臂断开（或短路），电桥是否能调到平衡状态？若实验中出现这种故障，则调节时会出现什么现象？

3. 在实际操作电桥测电阻时，总是要先设置仪器上的数值使其大致等于被测电阻的阻值，为什么要这样做？

实验 7 选读

实验8

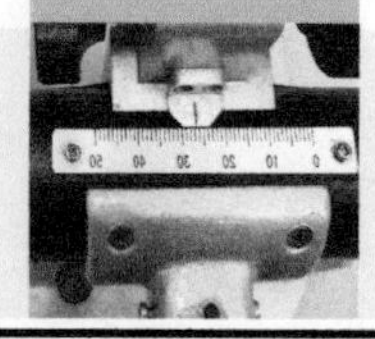

示波器的使用

名人轶事

卡尔·费迪南德·布劳恩（Karl Ferdinand Braun，1850—1918），德国物理学家，1909年诺贝尔物理学奖获得者，阴极射线管的发明者。

布劳恩制造出了第一个阴极射线管（缩写CRT，俗称显像管）示波器。CRT曾经被广泛应用在电视机和计算机的显示器上，在德语国家，CRT仍被称为“布劳恩管”。

第一个阴极射线管诞生在1897年的德国卡尔斯鲁厄。布劳恩在抽成真空的管子一端装上电极，从阴极发射出来的电子在穿过通电电极时，因为受到静电力影响而聚成一束狭窄的射线，即电子束，称为阴极射线，管子侧壁分别摆放一对水平的和一对垂直的金属平行板电极，水平的电极使得电子束上下垂直偏转运动，垂直的电极使得电子束左右水平偏转运动。管子的另一端均匀地涂上一层硫化锌或其他矿物质细粉，做成荧光屏，电子束打在上面可以产生黄绿色的明亮光斑。随着侧壁上摆放的平行板电极电压的变化，电子束的偏转也随之变化，从而在荧光屏上形成不同的亮点，称为“扫描”。荧光屏上光斑的变化，呈现了控制电子束偏转的平行板电极电压的变化，也就是所研究电波的波动图像，这是示波器的雏形和基础，它使得对电波的直观观察成为可能。

布劳恩最初设计的阴极射线管并不十分完美，它只有一个冷阴极，管子也不是完全真空，而且要求十万伏特的高压来加速电子束，才能在荧光屏上辨认出受偏转影响后的运动轨迹，此外，电磁偏转也只有一个方向。但是工业界很快对布劳恩的这个发明产生了兴趣，这使得阴极射线管得到了很好的继续发展。1889年，布劳恩的助手泽纳克（Zenneck）为阴极射线管增加了另一个方向的电磁偏转，此后又相继发明了热阴极和高真空。这使得阴极射线管不仅可以用在示波器上，1930年起它又成为显示器的重要部件，为后来电视、雷达和电子显微镜的发明奠定了重要基础，并被广泛应用于计算机、电视机和示波器等的显像器上。

示波器是一种用途广泛的电子仪器，它可以直接观察电信号的波形，测量电压的幅度、周期（频率）等参数。用双踪示波器还可以测量两个电压之间的时间差或相位差。配合各种传感器，它可以用来观测非电学量（如压力、温度、磁感应强度、光强等）随时间的变化过程。

示波器的电路比较复杂，不属于本实验的讨论范围，这里仅限于学习示波器的基本使用方法。

实验目的

1. 了解示波器的主要组成部分及其工作原理，学会示波器的操作使用；
2. 掌握用示波器观察电信号的波形和李萨如图形的方法；
3. 学习用示波器测量电信号的幅度、周期（频率）的方法。

实验原理

示波器的基本结构及工作原理

示波器的基本结构主要包括示波管、扫描电路、同步触发电路、X 轴和 Y 轴放大器、电源等部分，如图 2-8-1 所示。

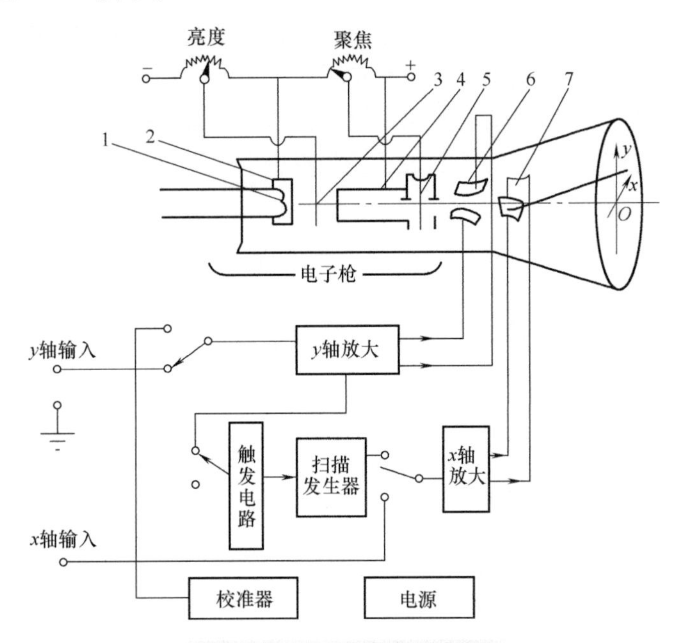

图 2-8-1　示波器结构示意图

（1）示波管

示波管是示波器的心脏，它主要由安装在高真空玻璃管中的电子枪、偏转系统和荧光屏三部分组成。电子枪用来发射一束强度可调且能聚焦的高速电子流，它由灯丝(1)、阴极(2)、控制栅极(3)、第一阳极(4)和第二阳极(5)等五部分组成。偏转系统是由垂直(Y)偏转板(6)和水平(X)偏转板(7)组成。偏转板用来控制电子束运动，在偏转板上加适当电压，电子束通过时运动方向会发生偏转，在荧光屏上产生的光点位置随之改变。荧光屏上涂有荧光粉，受电子轰击后发光而形成光点，光点的亮度取决于电子束的电子数量，大小则由电子束的粗细决定。它们分别由“亮度”和“聚焦”旋钮来调节。

（2）扫描

当在偏转板上加上一定的电压后，电子束将受到电场的作用而偏转，光点在荧光屏上移动的距离与偏转板上所加的电压成正比。若在Y偏转板上加正弦电压 $U_y=U_m\sin\omega t$，X偏转板不加电压，荧光屏上光点只是做上下方向的正弦变动，变动频率较快时，看起来是一条垂直线，如图2-8-2所示。如果屏上的光点同时沿X轴正方向做匀速运动，就能看到光点描出了时间函数的一段正弦曲线。如果光点沿X轴正向匀速地移动了 U_y 的一个周期之后，又迅速反跳到原来开始的位置上，再重复X轴正向匀速运动，则光点的正弦运动轨迹就和前一次的运动轨迹重合起来了。每一个周期都重复同样的运动，光点的轨迹就能保持固定位置。重复频率较快时，可在屏上看见连续不动的一个周期函数曲线（波形）。光点沿X轴正向的匀速运动及反跳的周期过程，称为扫描。获得扫描的方法是，在X轴偏转板上加一个周期与时间成正比的电压，称扫描电压或锯齿波电压，由示波器内部的扫描电路产生，锯齿波的周期 T_x（或频率 $f_x=1/T_x$）可以由电路连续调节。当扫描电压的周期 T_x 是信号电压周期 T_y 的 n 倍时，即 $T_x=nT_y$ 或 $f_y=nf_x$，屏上将显示出 n 个周期的波形。

（3）同步

同步是示波器控制功能中最关键的环节。由于被测信号电压和扫描电压来自两个独立的信号源，它们的频率难以调节成准确的整数倍关系，所以屏上的波形会发生横向的不断移动（见图2-8-3），甚至出现更为复杂的曲线，使得波形不能保持静止稳定，造成观察困难不能测量。这种由连续扫描方式完成的同步过程是很难获得稳定波形的最佳观测效果的。

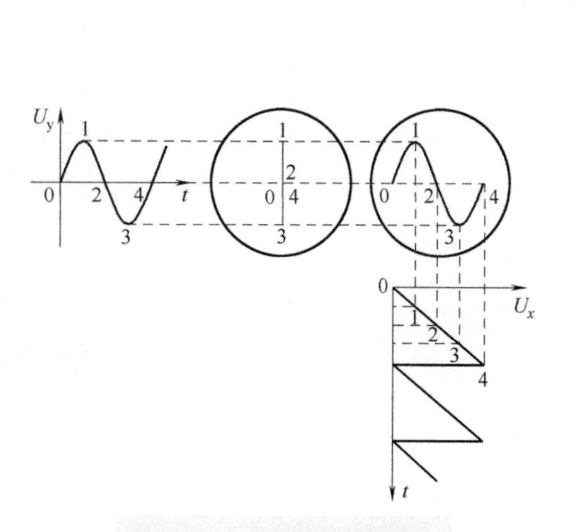

图 2-8-2　示波器的扫描原理

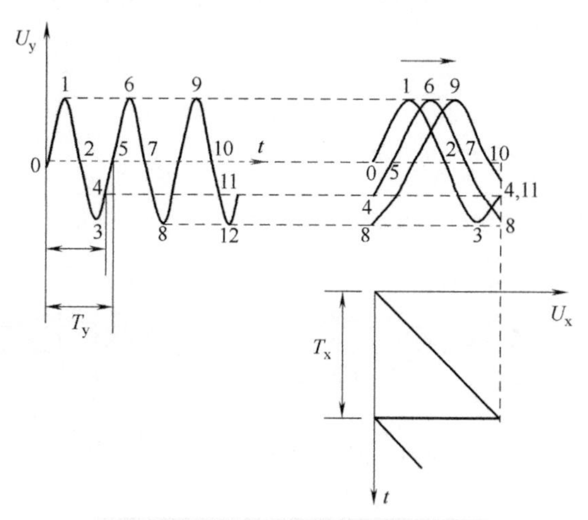

图 2-8-3　$T_x=\frac{7}{8}T_y$ 时显示的波形

为了克服以上问题，现代示波器一般都采用触发扫描控制方式，办法是用Y轴的信号频率去控制扫描发生器的频率，使扫描频率与信号频率准确相等或成整数倍关系。

（4）放大器

一般示波器垂直和水平偏转板的灵敏度不高，当加在偏转板上的电压较小时，电子束不能发生足够的偏转，使得光点位移很小。为了便于观测，需要预先把小的输入电压经放大后再送到偏转板上，为此设置垂直和水平放大器。示波器的垂直偏转因素是指光迹在荧光屏Y

方向偏转一格时对应的被测电压的峰-峰值（电压峰-峰值与有效值的关系为：$V_{P\text{-}P}=2\sqrt{2}V_s$），其单位为mV/DIV或V/DIV（DIV为荧光屏上一格的长度，通常为1cm）。如果某示波器的垂直偏转因素为10mV/DIV，即当Y轴输入电压的峰-峰值为30mV时，光迹在Y方向偏转3格。

水平放大器将扫描电压放大后送到X偏转板，以保证扫描线有足够的宽度。水平偏转因素是指光迹在X方向偏转一格时对应的扫描时间，其单位为s/DIV、ms/DIV或μs/DIV。此外，水平放大器亦可直接放大外来信号，这时示波器可作X-Y工作方式的显示使用。

（5）电源

用以供给示波管及各部分电子线路所需的各种交直流电源。

示波器的基本应用

示波器的应用非常广泛，这里简单介绍其基本用途。

（1）观察交流电压信号波形

将待检测交流电压信号输入示波器的CH1或CH2通道，X轴处于扫描状态，适当调节“V/DIV”“TIME/DIV”及“LEVEL”电平等旋钮，即可在荧光屏上显示出稳定的电压波形。

（2）测量交流信号的幅度

通过比较法可定量测出信号电压的大小。一般示波器内部都有校准信号，将校准信号和待测信号分别输入示波器，并保持Y轴增幅（V/DIV）不变，根据两个信号在Y轴的偏转量和校准信号的幅度，即可求出待测信号的幅度。对于DF4321C双踪示波器，经校准后，待测电压的幅度可直接由信号在Y轴的偏转量和“V/DIV”的取值计算。

（3）测量交流信号的频率（周期）

① 利用扫描频率求信号频率。由扫描原理可知，只有当输入信号的频率为扫描频率的整数倍时，波形才是稳定的，利用这一关系可以求得未知频率。通过示波器的“TIME/DIV”旋钮位置能够直接得到扫描频率（周期），这种方法实际上也是一种比较法。

② 利用李萨如图形求信号频率。当X轴输入扫描电压时，示波器显示Y轴输入电压信号的瞬变过程。当X轴和Y轴均输入正弦电压信号时，荧光屏上光迹的运动是两个相互垂直谐振动的合成。当两个正弦电压的频率成简单整数比时，合成轨迹为一稳定的曲线，称为李萨如图形，如图2-8-4所示。

利用李萨如图形可以比较两个电压的频率。当李萨如图形稳定后，对图形作水平和竖直割线（两条割线均应与图形有最多的相交点），若设水平割线与图形的交点数为N_x、竖直割线与图形的交点数为N_y，则X、Y轴上的电压频率f_x、f_y与N_x、N_y有如下关系：

$$\frac{f_x}{f_y}=\frac{N_y}{N_x} \qquad (2\text{-}8\text{-}1)$$

因此，只要知道f_x或f_y中的一个，就可以求出另一个。

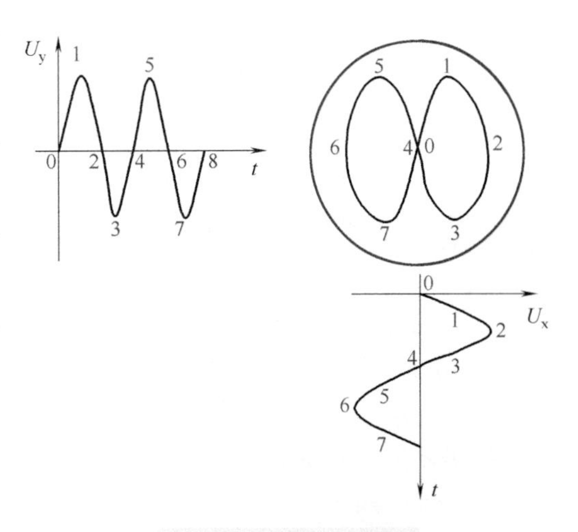

图2-8-4　李萨如图形

实验仪器

DF4321C 双通道示波器（见本实验附录 1），SDG1025 双路信号发生器（见本实验附录 2），同轴电缆等。

实验内容

实验前需详细阅读讲义内容，了解示波器和信号发生器的面板结构，了解各种控制按键与旋钮的作用和操作说明。

1. 示波器校准

（1）将示波器面板上有关按键与旋钮置于表 2-8-1 所列位置，接通仪器电源，调节“亮度”“聚焦”“Y 位移”“X 位移”等旋钮，使得荧光屏上出现一条亮度适中、清晰的扫描线。

（2）用同轴电缆线将示波器的校准信号（方波，$f=1000\text{Hz}$，$V_{\text{P-P}}=500\text{mV}$）接到 CH1 通道，仔细调节“电平”“Y 位移”“X 位移”等旋钮，使波形稳定并位于屏幕的正中间。再将“扫描微调（29）”旋钮按顺时针方向旋到最大位置（注意不可用力太大），使“TIME/DIV”处于校准状态，此时荧光屏上应显示两个周期的方波，在 Y 轴方向的偏转量应为 5DIV（见图 2-8-5）。说明示波器不能正常工作，会影响后续的定量测量。

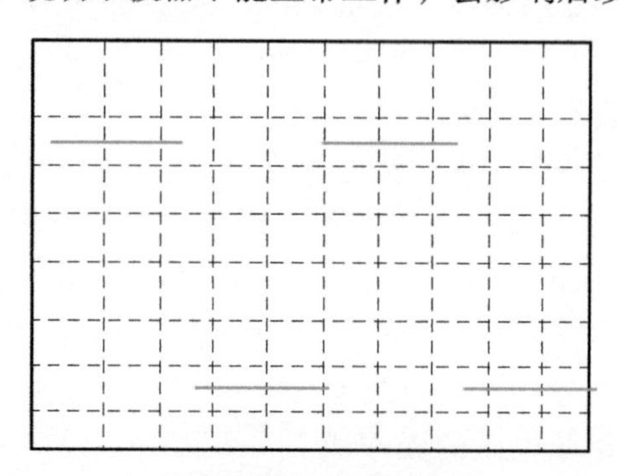

图 2-8-5　校准方波

（3）用同样的方法校准 CH2 通道。

表 2-8-1　示波器面板上有关按键与旋钮说明表

旋钮名称	作用位置	旋钮名称	作用位置
亮度（4）	居中	输入耦合方式（10）	DC
聚焦（5）	居中	触发方式选择（34）	自动
位移（18，19，28）	居中	触发极性选择（36）	+
垂直工作方式（22）	CH1	扫描偏转因素调节 TIME/DIV(25)	0.2ms
垂直偏转因素调节 V/DIV(12)	0.1V	同步触发源选择（32）	CH1
垂直偏转因素微调（20）	顺时针旋转	触发电平调节（35）	居中

2. 观察正弦电压波形

（1）打开信号发生器，设定正弦波信号，选择通道 1 电压输出端，将频率调到$f_s=500\text{Hz}$，输出电压（峰-峰值）调到$V_{P\text{-}P}=6.0\text{V}$（可从仪器显示屏上读取输出的频率值和电压值）。

（2）合理选择示波器 CH2 垂直偏转因素“V/DIV”和扫描偏转因素“TIME/DIV”。根据上述信号电压幅度和频率，需要在荧光屏 X 方向上显示约 5 个周期的波形，在 Y 方向偏转量约 6DIV，试确定“TIME/DIV”和“V/DIV”的取值，并说明理由。

（3）按上述结果调节示波器 CH2 通道的“V/DIV”和“TIME/DIV”旋钮，并将信号发生器的电压输出接到 CH2 通道，适当调节“X 位移”“Y 位移”“电平”等旋钮，使波形稳定并处于屏幕的中间，在实验报告上画出波形图。

3. 测量正弦电压的幅度和频率（或周期）

（1）利用“X 位移”和“Y 位移”旋钮准确地读出垂直偏转幅度$D_y(\text{DIV})$，则待测电压的峰-峰值为

$$V'_{P\text{-}P}=D_y(\text{DIV})\times\text{垂直偏转因素}(\text{V/DIV})$$

（2）从屏幕上准确地读出 n（建议 $n=4\sim5$）个周期波形的水平距离$D_x(\text{DIV})$，则待测信号的周期T'_s可由下式计算：

$$T'_s=\frac{1}{n}D_x(\text{DIV})\times\text{扫描偏转因素}(\text{TIME/DIV})$$

将以上测量和计算结果填入表 2-8-2 中。

表 2-8-2　正弦电压的相关数据表

$V_{P\text{-}P}$	f_s	V/DIV	D_y	$V'_{P\text{-}P}$	V'_s	TIME/DIV	n	D_x	T'_s	f'_s
6.0V	500Hz									

4. 观察李萨如图形并测量频率

（1）将示波器 CH1 通道与信号发生器通道 1 电压输出端相连接，信号发生器通道 2 设定为正弦波信号，并将其通道 2 的电压输出端与示波器的 CH2 通道相连接。

（2）将示波器置于“X-Y”工作状态，即逆时针旋转扫描时间因数选择开关（25）直至扫描时间因数数字窗口（26）显示为“X. Y”的指示，此时屏幕上出现李萨如图形。

（3）调节信号发生器通道 2 的输出频率，在 250～1500Hz 范围内调出 6 个“稳定”的李萨如图形，根据观察结果并用式（2-8-1）求出f_y值，填入表 2-8-3 中。

表 2-8-3　李萨如图形的相关数据表　　$f_x=500\text{Hz}$

李萨如图形						
N_x						
N_y						
f_y						

注意事项

1. 荧光屏上的光点亮度不能太强，而且不能让光点长时间停留在荧光屏的某一点，尽量将亮度调暗些，以看得清为准，以免损坏荧光屏；

2. 在实验过程中如果暂不使用示波器，可将亮度旋钮沿逆时针方向旋至尽头，并截止电子束的发射，使光点消失。不要经常通断示波器的电源，以免缩短示波管的使用寿命；

3. 示波器的所有开关及旋钮均有一定的转动范围，不可用力过大，以免损坏仪器。

分析与思考

（1）当Y轴输入端有信号时，为什么屏上只有一条垂直亮线？如何调节才能使波形沿X轴展开？

（2）用示波器观察周期为0.2ms的信号电压，若要在屏上呈现5个周期的稳定波形，则扫描电压的周期应等于多少？

（3）若示波器中观察到的波形不断地移动，无法稳定静止，是什么原因引起的？应如何调整？

（4）在用李萨如图形测频率时，如果X轴与Y轴正弦信号频率处于整数倍时，荧光屏上的图形不是稳定静止，而是还在不停转动，为什么？

（5）在使用示波器的过程中，有哪几项基本的设置与调整？

附录

1. DF4321C 双通道示波器简介

DF4321C双通道示波器是一种20MHz便携式双通道示波器，采用矩形内刻度示波管，具有测量灵敏度高、扫描速度快、触发性能好等特点。其垂直系统最小垂直偏转因数为1mV/div，水平系统具有0.5s/div～0.1μs/div的扫描速度，并设有扩展×10，可将扫速提高到10ns/div。校准信号为0.5V±2%、1000Hz±2%的方波。而且还具有X-Y转换、通道频率跟踪等功能。图2-8-6为该示波器的面板图。

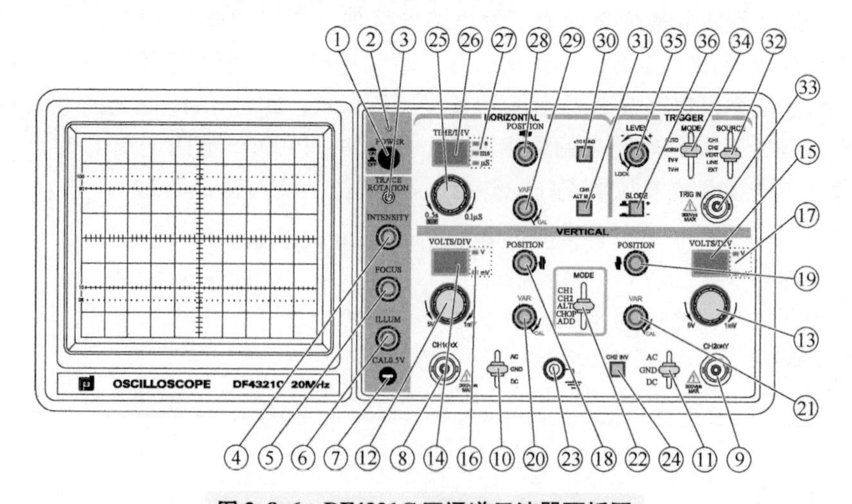

图 2-8-6　DF4321C 双通道示波器面板图

面板上的控制键如下。

（1）电源开关（POWER）：按下时电源接通，弹出时关闭。

（2）电源指示灯（POWER INDICATOR）：电源接通时该指示灯亮。

（3）轨迹旋转控制（TRACE ROTATION）：调节扫描线与水平刻度线的平行。

（4）亮度控制（INTENSITY）：轨迹亮度调节。

（5）聚焦控制（FOCUS）：调节光点与扫描线的清晰度。

（6）刻度照明控制（ILLUM）：在黑暗的环境或照明刻度线时调节此旋钮。

（7）校正信号（CAL　0.5V）：提供幅度为 0.5V、频率为 1kHz 的方波信号，用于调整探头的补偿以及检测垂直和水平电路的基本功能。

（8）通道 1 输入（CH1 ORX）：被测信号的输入端口，当仪器工作在 X-Y 方式时，此端输入的信号变为 X 轴信号。

（9）通道 2 输入（CH2 ORY）：与 CH1 相同，但当仪器工作在 X-Y 方式时，此端输入的信号变为 Y 轴信号。

（10）、（11）输入耦合方式（AC-GND-DC）："DC"时输入信号直接耦合到 CH1 或 CH2；"AC"时输入信号交流耦合到 CH1 或 CH2；"GND"时通道输入端接地。

（12）、（13）垂直偏转因素调节（VOLTS/DIV）：通道 CH1 和 CH2 电压量程档位选择开关，即垂直通道灵敏度调节，由（14）、（15）分别显示各自的电压幅值量程数字。

向下按此开关时，有校正/非校正状态转换功能的调节作用：处于非校正状态时，微调电位器（20）、（21）有作用。

（14）、（15）通道 CH1 和 CH2 的电压量程数字显示窗口。

（16）、（17）电压量程单位指示灯（V、mV）：灯亮表示显示单位为 V/DIV 或 mV/DIV，灯闪烁亮灭则表示处在非校正位置。

（18）、（19）垂直移位电位器（POSITION）：波形（亮点轨迹）调节垂直方向位移。

（20）、（21）微调电位器（VAR）：通过（12）、（13）选择非校正状态时，可小范围改变垂直偏转灵敏度，逆时针旋到底时，变化范围应大于 2.5 倍。

（22）垂直工作方式选择开关（MODE）：有 CH1（通道 1 显示）、CH2（通道 2 显示）、ALT（两个通道交替显示）、CHOP（两个通道断续显示，用于扫描速率较低的情况）、ADD（两个通道电压值叠加的代数和显示）等五种显示方式的选择。

（23）接地端（GND）：示波器的接地端。

（24）CH2 极性按钮（CH2 INV）：可倒置 CH2 上的输入信号极性。可方便地比较不同极性的两个波形，利用 ADD 功能还可获得 CH1-CH2 的信号差值。

（25）扫描偏转因素调节（TIME/DIV）：选择水平扫描速度，扫描时间因数的范围为 0.1μs/div～0.5s/div 共 21 档。逆时针旋到底为示波器的 X-Y 工作方式，X 轴的信号连接到 CH1 输入，Y 轴信号接到 CH2 输入，且偏转范围为 1mV/div～5V/div。

向下按此开关时，有校正/非校正状态转换功能。处于非校正状态时，微调电位器（29）有作用。

（26）扫描时间因数数字显示窗口：当调节扫描时间因数选择开关（25）时，数字窗口会显示相应的量程。当扩展 10 倍按钮（30）按下时，显示数字除 10。

（27）扫描时间因数单位指示灯（s、ms、μs）：灯亮指示显示单位，灯闪烁亮灭表示处在非校正位置。

（28）水平移位电位器（POSITION）：波形（亮点轨迹）调节水平方向位移。

（29）扫描微调电位器（VAR）：通过（25）选择非校正状态时，此旋钮可小范围改变扫描时间因数。逆时针旋到底时，变化范围应大于2.5倍。

（30）扩展10倍按钮（×10MAG）：按钮按下，扫描速率倍乘10。

（31）CH1交替扩展开关（CH1 ALT MAG）：当垂直模式开关处于“CH1”时，此开关按下，CH1输入信号能以×1（常态）和×10（扩展）两种状态交替显示。

（32）同步触发源选择开关（TRIGGER SOURCE）：选“CH1”时取加到CH1上的信号为触发源。选“CH2”时取加到CH2上的信号为触发源。选“VERT”时触发信号交替取自于CH1和CH2，用于同时观察两个不同频率的波形。选“LINE”时取电源信号为触发源。选“EXT”时取加到外触发输入（TRIG INPUT）（33）的外接信号为触发源，用于垂直方向上特殊的信号触发。

（33）外触发输入（TRIG INPUT）：输入端用于外接触发信号。

（34）触发方式选择开关（TRIG MODE）。

自动（AUTO）：仪器始终自动触发，并能显示扫描线。当有触发信号存在时，同正常的触发扫描，波形能稳定显示。该功能使用方便。

常态（NORM）：只有当触发信号存在时，才能触发扫描，在没信号和非同步状态情况下，没有扫描线。该工作方式，适合信号频率较低的情况（25Hz以下）。

电视场（TV-V）：本方式能观察电视信号的场信号波形。

电视行（TV-H）：本方式能观察电视信号中的行信号波形。

注：TV-V和TV-H同步仅适用于负的同步信号。

（35）触发电平控制旋钮带锁定开关（TRIG LEVEL）：调节被测信号在某一电平触发扫描。逆时针旋到底，同步锁定，始终零电平触发。

（36）触发极性选择开关（SLOPE）：选择信号上升或下降沿触发扫描。

2. SDG1025双路信号发生器简介

SDG1025双路信号发生器面板如图2-8-7所示。

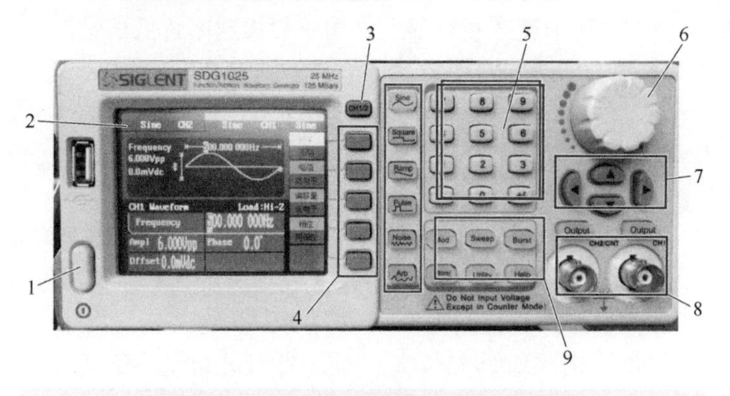

图2-8-7　SDG1025双路信号发生器面板

1—电源开关　2—LCD显示屏　3—通道切换　4—菜单软按键　5—数字键　6—脉冲旋钮　7—方向键　8—信号输出端　9—模式辅助功能

实验8选读

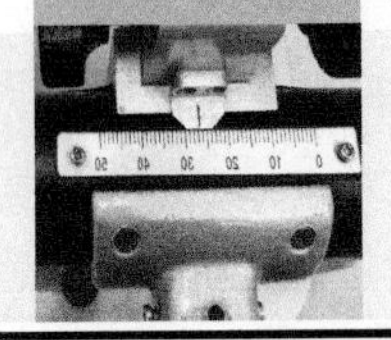

实验9

密立根油滴实验

名人轶事

罗伯特·安德鲁·密立根（Robert Andrews Millikan，1868—1953），美国实验物理学家。

在物理学史上，确定电子的比荷，进而测定电子的绝对电荷值，是一件极有意义的工作。1890年，斯通尼（Stoney）最早提出“电子”一词，并用其来表示基本电荷的载体。汤姆孙、勒纳和威尔逊等人也曾以阴极射线管、气体云室证实电子的存在，并测定了电子的比荷。但此时一部分物理学家和哲学家都持怀疑态度，像门捷列夫这样伟大的科学家，直到临终时还否认电子的存在。1913年，密立根以著名的油滴实验再次证实电子的存在，并在绝对意义下测定了电子的电荷值。电子的普遍存在从此得到令人信服的证明。

油滴实验是近代物理学中直接测定电子电荷的一个著名的实验，该实验是由美国物理学家密立根经历了十多年的时间设计并完成的。从1907年开始，他在总结前人实验的基础上，着手电子电荷量的测量研究，之后又对微小的带电油滴在静电场中的运动进行了详细的研究和实验，测量出基本电荷量，并于1911年宣布了实验的结果，明确了带电油滴所带的电荷都是基本电荷的整数倍。他还用实验的方法证实了电荷的不连续性，测出了基本电荷值。此后，密立根又继续改进实验，精益求精，提高测量结果的精度，在前后十余年的时间里，做了几千次实验，取得了可靠的结果，最早完成了基本电荷量的测量工作，为物理学的发展做出了卓越贡献。油滴实验是用宏观的力学模式来解释微观粒子的量子特性，实验设备简单而有效，构思和方法巧妙而简洁，在思想观念上和实验装置上都很有启发性和创造性，其测量结果准确，一直被誉为实验物理学的光辉典范。密立根由于取得了测定电子电荷（即基本电荷）和借助光电效应测出普朗克常量等成就，荣获了1923年的诺贝尔物理学奖。

密立根油滴实验，是美国著名实验物理学家密立根（R. A. Millikan）在1909年至1917年期间所做的、在近代物理学发展史上具有十分重要意义的实验：（1）它证明了电荷的不连续性，所有电荷都是基本电荷 e 的整倍数；（2）精确地测量了基本电荷的电量为 $e=1.60\times10^{-19}\mathrm{C}$。该实验用经典理论得到了量子化的结果，把不易测量的量转换成容易测量的量来实现测量部分，为从实验上测定电子质量、普朗克常量等基本物理量提供了可能。

密立根油滴实验设计巧妙、原理清晰、设备简单、结果精确，是著名而又有启发性的实验，堪称物理实验的光辉典范。密立根也因此荣获了1923年的诺贝尔物理学奖。

实验目的

1. 领会密立根油滴实验的设计思想；
2. 测定电子电荷值，体会电荷的不连续性。

实验原理

质量为 m、带电量为 q 的球形油滴，处在两块水平放置的、相距为 d 的平行带电平板之间，如图2-9-1所示。若两平板间电压为 U 时油滴在板间静止不动，暂不计空气浮力，则此时油滴受到的重力 mg 和静电力 qE 平衡，即

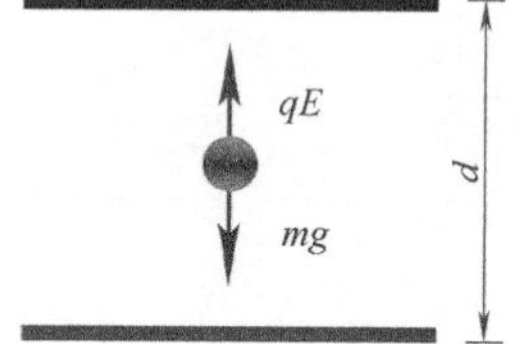

图2-9-1 带电油滴受力图

$$mg = qE = q\frac{U}{d} \tag{2-9-1}$$

式中，E 为两极板间的电场强度。根据上式，只要测出 U、d、m，即可算出油滴的带电量 q。

在本实验中，油滴质量约为 10^{-15}kg，需要用如下特殊方法测量。

当两极板间未加电压时，油滴受重力作用而下落，下落过程中同时受到向上的空气黏滞阻力 f_r 的作用。随着下落速度的增加，黏滞阻力增大，当 $f_r = mg$ 时，油滴将以某一速度 v_0 匀速下落。根据斯托克斯定律，有

$$f_r = 6\pi\eta r v_0 = mg \tag{2-9-2}$$

式中，η 为空气的黏度；r 为油滴的半径；v_0 为油滴的下落速度。

由于油滴极小，在表面张力的作用下呈球形。设油滴的半径为 r，密度为 ρ，则其质量为

$$m = \frac{4}{3}\pi r^3 \rho \tag{2-9-3}$$

结合式（2-9-2）和式（2-9-3），可求得油滴的半径

$$r = \sqrt{\frac{9\eta v_0}{2\rho g}} \tag{2-9-4}$$

式中，ρ 为油的密度。则油滴质量为

$$m = \frac{4}{3}\pi\rho\left(\frac{9\eta v_0}{2\rho g}\right)^{\frac{3}{2}} \tag{2-9-5}$$

考虑到对如此小的油滴（直径约为 10^{-6}m）来说空气已不能视为连续介质，加上空气分子的平均自由程和大气压强 p 成正比等因素，式（2-9-2）应修正如下：

$$f_r = \frac{6\pi\eta r v_0}{1 + \frac{b}{pr}} = mg \tag{2-9-6}$$

式中，b 为修正常数；p 为大气压强。相应地，式（2-9-5）应修正为

$$m=\frac{4}{3}\pi\rho\left[\frac{9\eta v_0}{2\rho g\left(1+\frac{b}{pr}\right)}\right]^{\frac{3}{2}} \tag{2-9-7}$$

测出油滴匀速下落距离 l 和所用的时间 t，利用式（2-9-7）和式（2-9-1），有

$$q=\frac{18\pi}{\sqrt{2\rho g}}\left[\frac{\eta l}{t\left(1+\frac{b}{pr}\right)}\right]^{\frac{3}{2}}\frac{d}{U} \tag{2-9-8}$$

上式分母仍包含 r，因其处于修正项内，不需要十分精确，计算时可用 $r=\sqrt{9\eta l/(2\rho g t)}$ 代入。η、l、ρ、g、d 均为与实验条件、仪器有关的参数：$\rho=981\mathrm{kg/m^3}$，$g=9.794\mathrm{m/s^2}$，$\eta=1.83\times10^{-5}\mathrm{kg/(m\cdot s)}$，$l=2.00\times10^{-3}\mathrm{m}$，$b=8.226\times10^{-3}\mathrm{m\cdot Pa}$，$p=1.013\times10^{5}\mathrm{Pa}$，$d=5.00\times10^{-3}\mathrm{m}$。将以上数据代入式（2-9-8），得

$$q=\frac{1.43\times10^{-14}}{\left[t(1+0.0200\sqrt{t})\right]^{\frac{3}{2}}U} \tag{2-9-9}$$

将实验测得的各个油滴所带电荷量 q_i 求最大公约数，这个最大公约数就是基本电荷 e 值。

由于实验时总是存在各种误差因素，求出各 q_i 值的最大公约数比较困难，通常用“逆向验证”的方法进行数据处理。即，将实验测量的电荷值 q_i 除以公认的电子电荷值 $e=1.60\times10^{-19}\mathrm{C}$，得到一个接近于某一整数的数值 $n_i'=q_i/e$，在误差允许范围内，这一数值的整数部分 n_i 即为油滴所带的基本电荷数，再用实验测量的各个电荷 q_i 除以 n_i，即得电子电荷值 $e_i=q_i/n_i$。这种数据处理方法只能作为一种实验验证，而且只能在油滴带电量较少（少数几个电子）时可以采用。

实验仪器

MOD—5 密立根油滴仪（见图 2-9-2）、喷雾器、实验用油等。油滴盒的结构如图 2-9-3 所示。

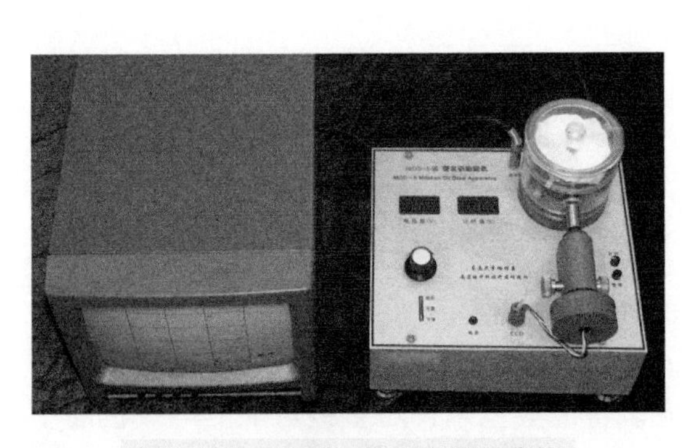

图 2-9-2　MOD—5 密立根油滴仪

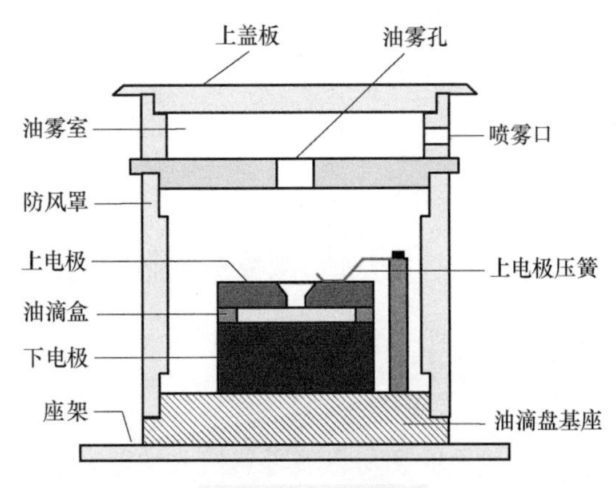

图 2-9-3　油滴盒

实验内容

1. 油滴仪的调整

仪器放平稳后，将油滴盒调到水平状态。转动油雾室，使喷雾口朝向右前侧，打开油雾室的油雾孔开关以便喷油。

2. 油滴观察与运动控制

打开仪器电源。将电压选择开关置于“下落”位置，竖着拿喷雾器，对准油雾室的喷雾口喷入少许油滴（喷一下即可），微调显微镜的调焦手轮，使监视器上油滴的像清晰。如果视场不够明亮，可调整监视器亮度。如果油滴自由下降时，在屏幕上所显示的轨迹不在竖直方向或上下颠倒，可转动 CCD 图像传感器使油滴在屏幕上竖直下降。

将电压选择开关拨到“平衡”位置，在平行极板上加 250V 左右的电压，大部分油滴将迅速散开。对于留下的几颗运动缓慢的油滴，跟踪观察其中一颗的运动情况；在一定范围内调节电压，直到所观察油滴平衡不动；将电压选择开关拨到“提升”位置，把油滴提升到某处后，再将电压选择开关置于“下落”档，油滴开始下落，测量油滴下落一段距离所用的时间。对一颗油滴反复进行“平衡”“提升”“下落”“计时”等操作，以便能熟练控制油滴。

3. 测量

选择平衡电压为 100 ~ 300V、匀速下落 2mm 所用时间约 20s 的油滴作为待测对象较好。油滴平衡后，记下平衡电压；将油滴提升到第一条水平刻线处开始自由下落，下落至第二条刻线处开始计时，测出油滴匀速运动 2.00mm（对应分划线四格）所用的时间 t。

对一颗油滴进行多次反复测量（一般在 5 次以上），且每次测量时均应重新调节并记录平衡电压，分别算出每次测量的结果（该过程在实验室由计算机现场处理得出结果）。

表 9-1 油滴参数及计算结果数据表

i	U/V	t/s	$q_i/(\times10^{-19}\mathrm{C})$	n	$e_i/(\times10^{-19}\mathrm{C})$	$\bar{e}/(\times10^{-19}\mathrm{C})$	$E(\%)$
1							
2							
3							
4							
5							

用同样的方法至少测量 3 颗油滴，最终求出（所有）基本电荷的实验平均值。

注意事项

1. 喷雾时切勿将喷雾器插入油雾室，更不应该将油雾室拿掉后直接对准上电极板的中央小孔喷油，否则会把油雾孔堵塞。

2. 比较大的油滴，其质量大，带电量多，下落速度快，容易增加测量误差；而过小的油滴受布朗运动影响，测量误差大，并且不易观察。

3. 在对所选油滴进行跟踪测量的过程中，如果油滴变得模糊，应随时调节显微镜焦距，对油滴聚焦以保持油滴始终清晰。

分析与思考

1. 向油雾室喷油时为什么要使两极板短路？
2. 实验时如何保证测量的时间是对应油滴做匀速运动的时间？

实验 9 选读

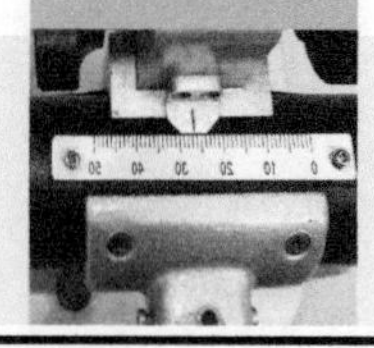

实验 10

物体热导率的测定

名人轶事

让·巴普蒂斯·约瑟夫·傅里叶（Jean Baptiste Joseph Fourier，1768—1830），法国数学家、物理学家。主要贡献是在研究热的传播和热的分析理论时创立了一套数学理论，对19世纪的数学和物理学的发展都产生了深远影响。

傅里叶早在1807年就完成了关于热传导的基本论文《热的传播》，并向巴黎科学院呈交，但经拉格朗日、拉普拉斯和勒让德审阅后却被科学院拒绝，1811年他又提交了经修改的论文，该文虽然获科学院大奖，却未正式发表。傅里叶在论文中推导出著名的热传导方程，并在求解该方程时发现解函数可以由三角函数构成的级数形式表示，从而提出任一函数都可以展成三角函数的无穷级数。傅里叶级数（即三角级数）、傅里叶分析等理论均由此创始。

傅里叶由于对传热理论的贡献于1817年当选为巴黎科学院院士。

1822年，傅里叶终于出版了专著《热的解析理论》。这部经典著作将欧拉、伯努利等人在一些特殊情形下应用的三角级数方法发展成内容丰富的一般理论，三角级数后来就以傅里叶的名字命名。傅里叶应用三角级数求解热传导方程，为了处理无穷区域的热传导问题又导出了当前所称的“傅里叶积分”，这一切都极大地推动了偏微分方程边值问题的研究。然而傅里叶的工作意义远不止此，它迫使人们对函数概念做出修正、推广，特别是引起了人们对不连续函数的探讨；三角级数收敛性问题更是促进了集合论的诞生。因此，《热的解析理论》影响了整个19世纪分析严格化的进程。傅里叶也因此而在1822年成为科学院终身秘书。

由于傅里叶极度痴迷热学，他认为热能包治百病，于是在一个夏天，他关上了家中的门窗，穿上厚厚的衣服，坐在火炉边，最终他被活活热死了，1830年5月16日卒于法国巴黎。

热导率是表征物体传热性能的物理量，它与材料本身的性质、结构、湿度及压力等因素有关。测量热导率的方法一般分两类，稳态法和非稳态法，在稳态法中，先利用热源对样品加热，样品内部的温差使热量从高温向低温处传导，在待测样品内部会形成稳定的温度分布，根据这一温度分布就可以计算出热导率。而在动态法中，最终在样品内部所形成的温度

分布是随时间变化的。本实验采用稳态法。

实验目的

1. 了解热传导现象的物理过程；
2. 用稳态法测定热的不良导体——橡胶的热导率；
3. 学习用温度传感器测量温度的方法。

实验原理

稳态法测材料热导率

当物体内部温度不均匀时，热量会自动地从高温处传递到低温度处，这种现象称为热传导，它是热交换的基本形式之一。设在物体内部垂直于热传导的方向上取相距为 h、温度分别为 T_1、T_2的两个平行平面（见图 2-10-1）。由于 h 很小，可认为两个平面的面积均为 S，则在 Δt 时间内，沿平面 S 的垂直方向所传递的热量满足下列傅里叶导热方程式：

$$\frac{\Delta Q}{\Delta t}=\lambda S\frac{(T_1-T_2)}{h} \tag{2-10-1}$$

上式为热传导的基本公式，是由法国数学家、物理学家傅里叶导出的。式中的比例系数 λ 称为热导率，又称导热系数，它是表征材料热传导性能的一个重要参数。λ 与物体本身材料的性质及温度有关，材料的结构变化以及杂质多寡对 λ 都有明显的影响，同时，环境温度对 λ 也有影响。在各向异性材料中，即使同一种材料，其各个方向上的 λ 值也不相等。

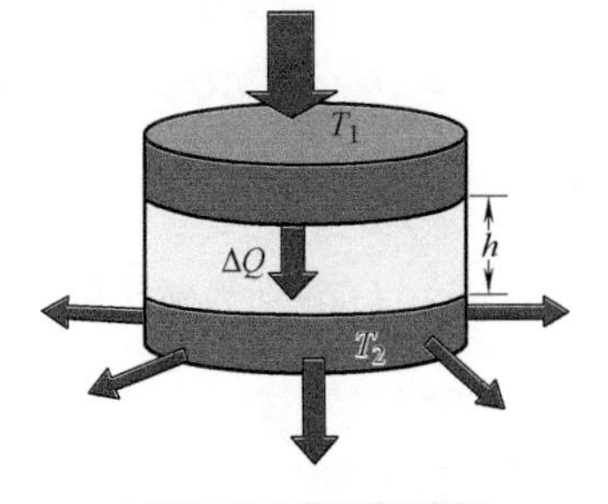

图 2-10-1　热传导

由式（2-10-1）知，热导率 λ 在数值上等于两个相距单位长度的平行平面，当温度相差一个单位时，在垂直于热传导方向上单位时间内流过单位面积的热量。在国际单位制中，λ 的单位是 W/(m · K)，过去也常用非国际单位制 cal/(s · cm · K)，它们之间的换算是

$$1\text{cal}/(\text{s}\cdot\text{cm}\cdot\text{K})=418.68\text{W}/(\text{m}\cdot\text{K})$$

实验装置如图 2-10-2 所示。固定于底架的三个支架上支撑着一个散热铜盘 C，散热盘 C 可以借助底座内的风扇达到稳定有效的散热。在散热盘上安放待测样品 B，样品 B 上放置加热盘 A，加热盘 A 是由单片机控制的自适应电加热。

加热时，加热盘 A 的底面直接将热量通过样品上表面传入样品，同时，样品把吸收到的热量通过样品下表面不断地向铜盘 C 散出，当传入样品的热量等于样品传出的热量时，样品处于稳定的热传导状态，此时样品上、下表面的温度为一稳定值，上表面为 T_1，下表面为 T_2。根据傅里叶导热方程式，稳态时样品的传热速率为

$$\frac{\Delta Q}{\Delta t}=\lambda S_{\text{B}}\frac{(T_1-T_2)}{h_{\text{B}}} \tag{2-10-2}$$

当样品达到稳态时，通过样品 B 的传热速率与铜盘 C 向周围环境的散热速率相等，即在

相同的 Δt 时间内，向样品所传递的热量 ΔQ 等于铜盘向周围环境所散失的热量 $\Delta Q_{散}$。铜盘在温度降低 ΔT 时散失的热量为 $\Delta Q_{散}=m_{铜}c_{铜}\Delta T$，其中 $m_{铜}$ 和 $c_{铜}$ 分别为铜盘 C 的质量和比热容。因此，在稳定温度 T_2 附近铜盘的散热速率为 $\Delta Q_{散}/\Delta t=m_{铜}c_{铜}\Delta T/\Delta t$。实验时只要设法获得铜盘的冷却速率 $\Delta T/\Delta t$，即可求得样品的传热速率 $\Delta Q/\Delta t$。

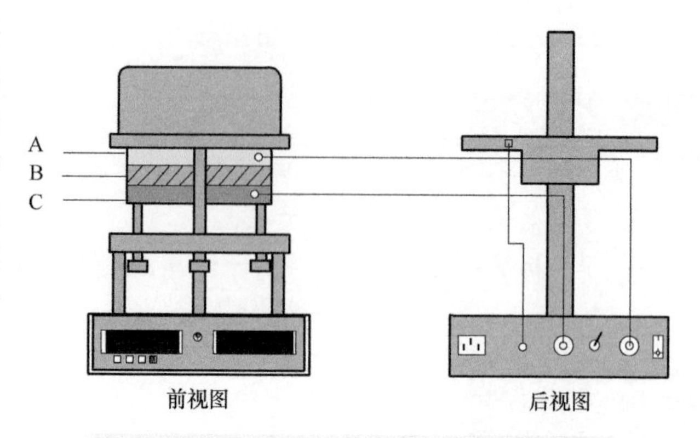

图 2-10-2　FD-TC-B 导热系数测定仪装置图

A—加热板　B—待测样品　C—散热铜盘

当读得稳态时的温度值 T_1、T_2 后，把样品拿走，让铜盘 C 与加热板 A 的底面直接接触，使铜盘的温度上升到高于 T_2 若干摄氏度后，移开加热盘，让散热盘在电扇作用下冷却，每隔一定的时间间隔采集一个温度值，由此求出铜盘 C 在温度 T_2 附近的冷却速率 $\Delta T/\Delta t$。

由于物体的冷却速率与它的散热面积成正比，考虑到铜盘 C 散热时，其表面是全部暴露在空气中的，即散热面积是上、下表面与侧面，而实验中达到稳态散热时，铜盘 C 的上表面却是被样品覆盖着的，所以需要对 $\Delta T/\Delta t$ 加以修正。修正后，铜盘的散热速率为

$$\frac{\Delta Q_{散}}{\Delta t}=m_{铜}c_{铜}\frac{\Delta T}{\Delta t}\cdot\frac{\pi R_C^2+2\pi R_C h_C}{2\pi R_C^2+2\pi R_C h_C}=m_{铜}c_{铜}\frac{\Delta T}{\Delta t}\cdot\frac{d_C+4h_C}{2d_C+4h_C}$$

因 $\Delta Q_{散}=\Delta Q$，即 $\Delta Q_{散}/\Delta t=\Delta Q/\Delta t$，代入式（2-10-2），得

$$\lambda=m_{铜}c_{铜}\frac{\Delta T}{\Delta t}\cdot\frac{d_C+4h_C}{2d_C+4h_C}\cdot\frac{h_B}{T_1-T_2}\cdot\frac{4}{\pi d_B^2}\tag{2-10-3}$$

式中，d_C、h_C 分别为散热铜盘的直径和厚度；而 d_B、h_B 则是样品橡胶圆盘的直径与厚度。

实验仪器

本实验提供的主要器材有 FD-TC-B 导热系数测定仪（见图 2-10-3）、电子天平、游标卡尺等。

图 2-10-3　FD-TC-B 导热系数测定仪

实验内容

稳态法测量物体热导率

（1）将橡胶样品放在加热盘与散热盘中间，橡胶样品要求与加热盘、散热盘完全对准；调节底部的三个微调螺钉，使样品与加热盘、散热盘接触良好，但注意不宜过紧或过松。

（2）按照图 2-10-2 所示，插好加热盘的电源插头；再将两根连接线的一端与机壳相连，另一带有传感器端插在加热盘和散热盘小孔中，

要求传感器完全插入小孔中。在安放加热盘和散热盘时，还应注意使放置传感器的小孔上下对齐。（注意：加热盘和散热盘的两个传感器要一一对应，不可互换。）

（3）打开电源后，设定加热器控制温度：按“升温”键，左边表头显示由“B00.0”可上升到“B80.0”（单位:℃）。一般设定 75℃较为适宜。再按“确定”键，显示变为“AXX.X”之值，即表示加热盘此刻的温度值。右边表头显示散热盘的测量温度。打开电扇开关，仪器开始加热。

（4）加热盘的温度上升到设定温度值时，开始记录散热盘的温度，等到在 1min 或更长的时间内加热盘和散热盘的温度值基本不变时，可以认为已经达到稳定状态了。

（5）按“复位”键停止加热，取走样品，调节三个螺钉使加热盘和散热盘接触良好，然后使散热盘温度上升到高于稳态时的 T_2值 10℃左右即可。

（6）移去加热盘，让散热圆盘在风扇作用下冷却，每隔 20s 记录一次散热盘的温度示值，直至铜盘温度低于 T_2约 5～6 个数据为止。从记录的数据中取出包含 T_2的 10 个连续数据填入表 2-10-1。画出温度与时间的关系图，求出直线的斜率。

（7）用游标卡尺测出样品及铜盘的厚度与直径，用电子天平称出铜盘的质量，并将数据填入表 2-10-2 中。

（8）根据所测数据，由式（2-10-3）求出橡胶的热导率 λ[采用 SI 制，单位为 W/(m·K)]。

注意事项

（1）加热过程中，不要用手直接触碰加热盘、橡胶盘和铜盘，避免烫伤。

（2）实验过程中，散热风扇要保持全程开启，以保证散热均匀。

原始数据记录与处理要求

数据表格（见表 2-10-1、表 2-10-2）

表 2-10-1　铜盘在 T_2 附近自然冷却时的温度示值　环境温度________℃

稳态时的温度示值	高温 T_1 =________℃					低温 T_2 =________℃				
次序	1	2	3	4	5	6	7	8	9	10
时间 t/s										
温度示值 T/℃										

表 2-10-2　几何尺寸和质量的测量

次　序		1	2	3	4	5	6	平　均
样品盘 B	厚度 h_B/cm							
	直径 d_B/cm							
散热铜盘 C	厚度 h_C/cm							
	直径 d_C/cm							
	质量 m/g							

处理要求

（1）使用作图纸画出温度与时间的关系图，求出直线的斜率 $\Delta T/\Delta t$。

（2）根据式（2-10-3）求出待测材料热导率。

分析与思考

用稳态法测量热的不良导体时，实验误差的主要来源有哪些？

实验 10 选读

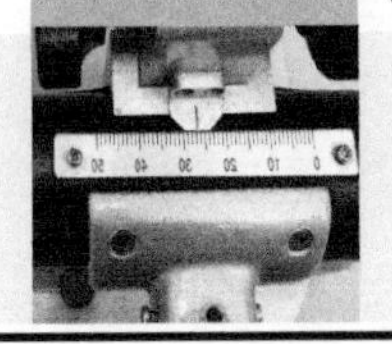

实验 11

薄透镜焦距的测定

名人轶事

托马斯·杨（Thomas Young，1773—1829）英国医生、物理学家，光的波动说的奠基人之一。

杨氏双缝实验

托马斯·杨在物理学上做出的最大贡献主要在光学，特别是他对光的波动性质的研究。1801 年他进行了著名的杨氏双缝实验，发现了光的干涉性质，证明光以波动形式存在，而不是牛顿所想象的光颗粒（Corpuscles），该实验被评为“物理最美实验”之一。20 世纪初的物理学家将杨的双缝实验结果和爱因斯坦的光量子假说结合起来，提出了光的波粒二象性，后来又被德布罗意利用量子力学引申到所有粒子上。

杨氏模量

杨氏模量，即弹性模量，是材料力学中的名词，用来测量一个物体的弹性。杨在 1807 年将“材料的弹性模量”定义为“同一材料的一个柱体在其底部产生的压力与引起某一压缩度的重量之比等于该材料长度与长度缩短量之比”。如果把这里的柱体理解为单位底面积柱体的重量，则这个定义就是现在通用的弹性模量。杨认识到剪切是一种弹性变形，称之为横推量（detrusion），并注意到材料对剪切的抗力不同于材料对拉伸或压缩的抗力，但他并没有引进不同的刚度模量来表示材料对剪切的抵抗。杨氏模量的引入曾被英国力学家 A. E. H. 乐甫誉为科学史上的一个新纪元。

视觉和颜色

托马斯·杨曾被誉为是生理光学的创始人。他在 1793 年提出人眼里的晶状体会自动调节以适应所见的物体的远近。他也是第一位研究散光的医生（1801 年）。后来，他提出色觉取决于眼睛里的三种不同的神经，分别感觉红色、绿色和紫色。后来亥姆霍兹对此理论进行了改进。此理论在 1959 年由实验证明。他提出颜色的理论，即三原色原理，认为一切色彩都可以由红、绿、蓝这三种原色的不同比例混合而成，这一原理已成为现代颜色理论的基础。

透镜是光学仪器中最基本的元件，反映透镜特性的一个主要参量是焦距，它决定了透镜成像的位置和性质（大小、虚实、倒立）。对于薄透镜焦距测量的准确度，主要取决于透镜光心及焦点定位的准确度。本实验采用几种不同方法分别测定凸、凹两种薄透镜的焦距，以便了解透镜成像的规律，掌握光路调节技术，比较各种测量方法的优缺点，为今后正确使用光学仪器打下良好的基础。

实验目的

1. 学会测量透镜焦距的几种方法；
2. 掌握简单光路的分析和光学元件同轴等高调节的方法；
3. 进一步熟悉数据记录和处理方法；
4. 熟悉光学实验的操作规则。

实验原理

1. 凸透镜焦距的测定

（1）粗略估测法

以太阳光或较远的灯光为光源，用凸透镜将其发出的光线聚成一光点（或像），此时，$l \to -\infty$，$l' \approx f'$，即该点（或像）可认为是焦点，而光点到透镜中心的距离，即为凸透镜的焦距，此法测量的误差约在10%左右。由于这种方法误差较大，大都用在实验前做粗略估计，如挑选透镜等。

（2）利用物距像距法求焦距

当透镜的厚度远比其焦距小得多时，这种透镜称为薄透镜。在近轴光线的条件下，薄透镜成像的规律可表示为

$$\frac{f'}{l'}+\frac{f}{l}=1 \tag{2-11-1}$$

当将薄透镜置于空气中时，则焦距

$$f'=-f=\frac{l'l}{l-l'} \tag{2-11-2}$$

式中，f'为像方焦距；f为物方焦距；l'为像距；l为物距。式中的各线量均从透镜中心量起，左负右正，如图2-11-1所示。若在实验中分别测出物距l和像距l'，即可用式（2-11-2）求出该透镜的焦距f'。但应注意，测得量必须添加符号，求得量则根据求得结果中的符号判断其物理意义。

（3）自准直法（也叫平面镜法）

如图2-11-2所示，在待测透镜L的一侧放置被光源照明的1字形物屏AB，在另一侧放一平面反射镜，移动透镜（或物屏），当物屏AB正好位于凸透镜之前的焦平面时，物屏AB上任一点发出的光线经透镜折射后，将变为平行光线，然后被平面反射镜反射回来。再经透镜折射后，仍会聚在它的焦平面上，即原物屏平面上，形成一个与原物大小相等、方向相反的倒立实像A′B′。此时，物屏到透镜之间的距离就是待测透镜的焦距，即

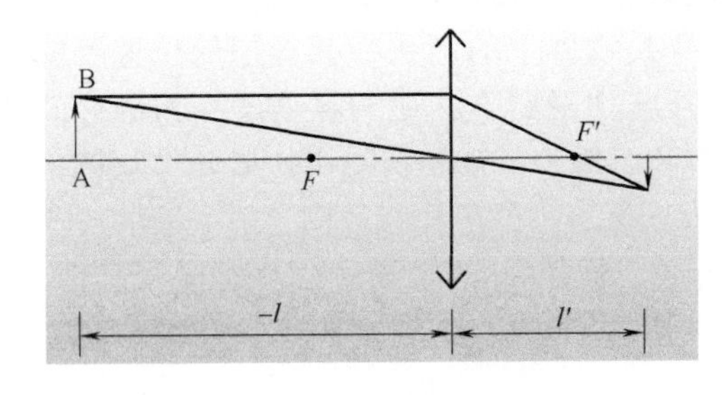

图 2-11-1　薄透镜成像

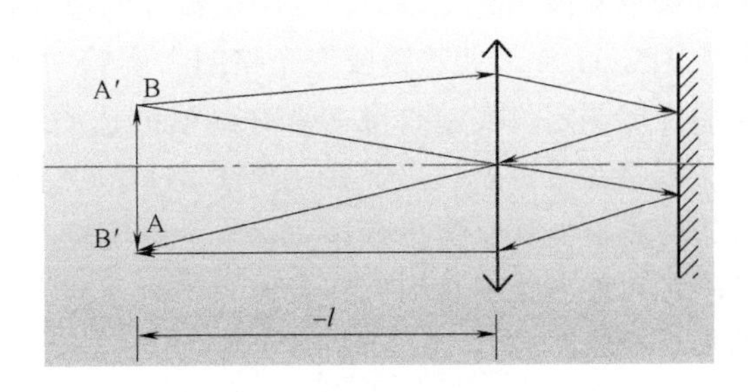

图 2-11-2　凸透镜自准直法成像

$$f' = -l \tag{2-11-3}$$

由于这种方法是利用调节实验装置本身使之产生平行光以达到聚焦的目的，所以称之为自准法，该法测量误差在 1%～5% 之间。

（4）贝塞尔法（又称共轭法、二次成像法）

粗略估测法、物距像距法、自准直法都因透镜的中心位置不易确定而在测量中引进误差，为避免这一缺点，可取物屏和像屏之间的距离 D 大于 4 倍焦距（$4f$），且保持不变，沿光轴方向移动透镜，则必能在像屏上观察到二次成像。如图 2-11-3 所示，设物距为 l_1时，得放大的倒立实像；物距为 l_2时，得缩小的倒立实像，透镜两次成像之间的位移为 d，根据透镜成像公式（2-11-2），将

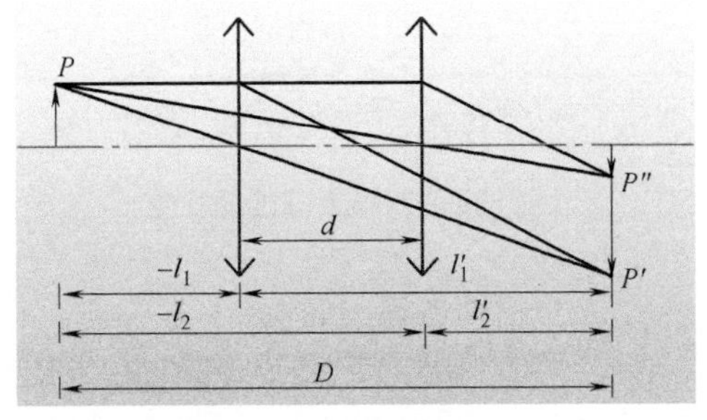

图 2-11-3　二次成像法

$$l_1 = -l'_2 = -(D-d)/2$$
$$l'_1 = -l_2 = (D+d)/2$$

代入式（2-11-2）即得

$$f' = \frac{D^2 - d^2}{4D} \tag{2-11-4}$$

可见，只要在光具座上确定物屏、像屏以及透镜二次成像时其滑座边缘所在位置，就可较准确地求出焦距 f'。这种方法不用考虑透镜本身的厚度，测量误差可达到 1%。

2. 凹透镜焦距的测定

凹透镜是发散透镜，用透镜成像公式测量凹透镜的焦距时，凹透镜成的像为虚像，且虚像的位置在物和凹透镜之间，因而无法直接测量其焦距，常用视差法、辅助透镜成像法和自准直法来测量。

（1）视差法

视差是一种视觉差异现象，设有远近不同的两个物体 A 和 B，若观察者正对着 AB 连线方向看去，A、B 是重合的；若将眼睛摆动着看，A、B 间似乎有相对运动，远处物体的移动方向跟眼睛的移动方向相同，近处的物体移动方向相反。A、B 间距离越大，这种现象越明显（视差越大）；A、B 间距为零（重合），就看不到这种现象（没有视差）。因此，根据视差的情况可以判定 A、B 两物体谁远谁近及是否重合。

视差法测量凹透镜焦距时，在物和凹透镜之间置一有刻痕的透明玻璃片，当透明玻璃片

上的刻痕和虚像无视差时，透明玻璃片的位置就是虚像的位置。

图2-11-4为凹透镜成像光路图。实验中物AB是物屏上的箭头，其虚像的位置不能直接用像屏测定。实验时将一带有刻痕的透明玻璃片装到滑座上，让它在物屏和透镜之间移动，眼睛在透镜另一侧观察（见图2-11-5）。观察的要点是：从凹透镜里边看物，从凹透镜外边看刻痕，且眼睛左右移动观察。当透镜中物的虚像与镜外玻片刻痕间没有视差时，由光具座标尺测出物屏及刻痕到透镜的距离，即为l和l'（l'为负值），将它们代入式（2-11-2）即可求得焦距f'。

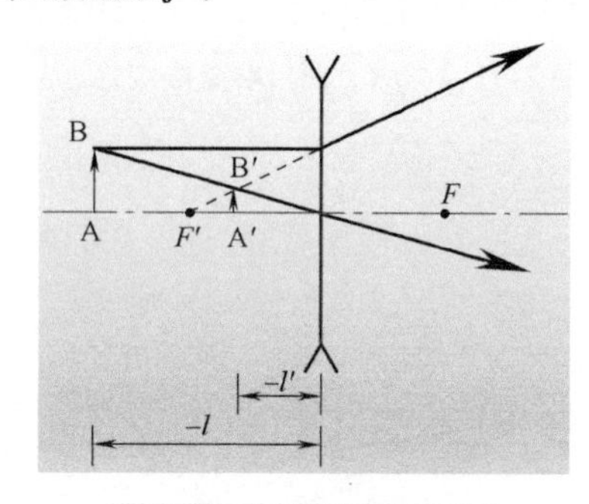

图2-11-4　凹透镜成像

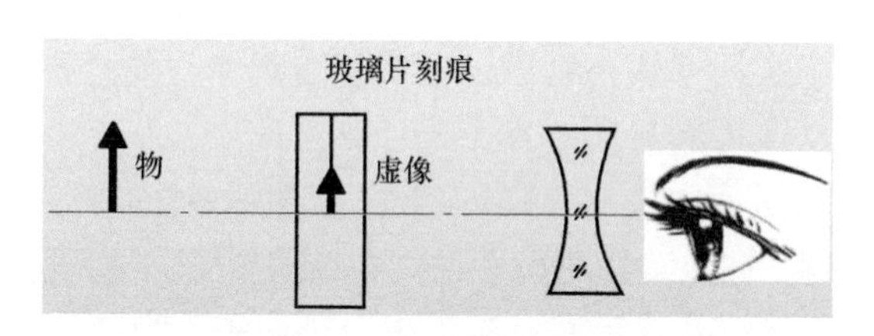

图2-11-5　视差法测凹透镜焦距

（2）辅助透镜成像法

如图2-11-6所示，先使物AB发出的光线经凸透镜L_1后形成一大小适中的实像A′B′，然后在L_1和A′B′之间放入待测凹透镜L_2，就能使虚物A′B′产生一实像A″B″。分别测出L_2到A′B′和A″B″之间距离l_2、l_2'，根据式（2-11-2）即可求出L_2的像方焦距f_2'。

（3）自准直法

如图2-11-7所示，L_1为凸透镜，L_2为凹透镜，M为平面反射镜，调节凹透镜的相对位置，直到物屏上出现和物大小相等的倒立实像，记下凹透镜的位置X_2。再拿掉凹透镜和平面镜，则物经凸透镜后在某点处成实像（此时物和凸透镜不能动），记下这一点的位置X_3，则凹透镜的焦距为

$$f' = -|X_3 - X_2|$$

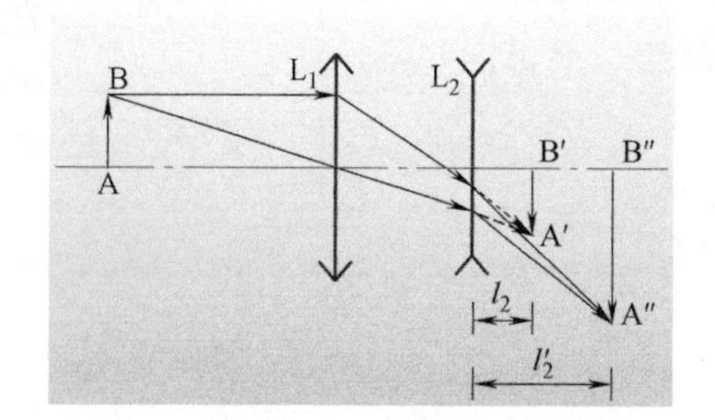

图2-11-6　辅助透镜成像法测凹透镜焦距

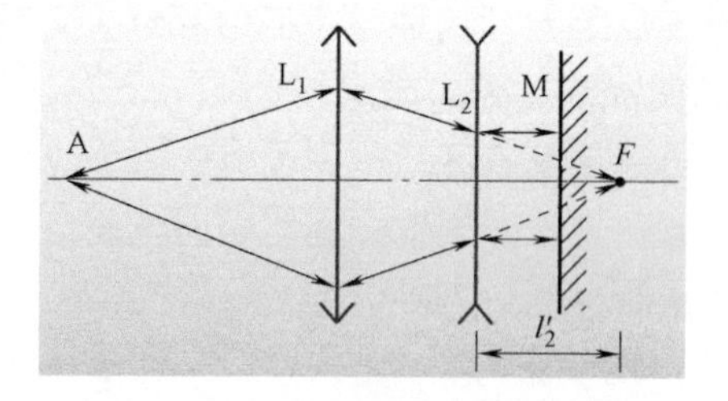

图2-11-7　自准直法测凹透镜焦距

实验仪器

薄透镜的焦距测定装置由光路导轨、凸透镜、凹透镜、平面镜、光源、画有箭矢的物

屏、像屏、支架等构成。

实验内容

1. 光路轨道上各光学元件同轴等高调节

薄透镜成像公式仅在近轴光线的条件下才成立。对于由几个光学元件构成的光学系统进行共轴调节是光学测量的先决条件，对于这类光路，应使各光学元件的主光轴重合，才能满足近轴光线的要求。习惯上把各光学元件主光轴的重合称为同轴等高。本实验要求光轴与光具座的导轨平行，调节分以下两步进行。

（1）粗调

将安装在光路轨道上的所有光学元件沿导轨靠拢在一起，用眼睛仔细观察，使各元件的中心等高，且与导轨垂直。

（2）细调

对单个透镜可以利用二次成像法调节。使屏与物之间的距离大于 4 倍焦距，且二者的位置固定。移动透镜，使屏上先后出现清晰的大、小像，调节透镜或物，使透镜在屏上成的大、小像在同一条直线上，并且其中心重合。

对于由多个透镜组成的光学系统，则应先调节好与一个透镜的共轴，不再变动，再逐个加入其余透镜进行调节，直到所有光学元件都共轴为止。

2. 测量凸透镜焦距

（1）物距像距法

先对光学系统进行共轴调节，然后取物距 $l\approx 2f$，保持 l 不变，移动像屏，仔细寻找使像清晰的位置，测出像距 l，重复 3 次，将数据填于表 2-11-1 中，求出 l' 的平均值，代入式（2-11-2）求出 $\overline{f}$。

（2）自准直法

如图 2-11-2 所示，先对光学系统进行共轴调节，实验中，要求平面镜垂直于导轨。移动凸透镜，直至物屏上得到一个与物大小相等、倒立的实像，则此时物屏与透镜间距就是透镜的焦距。为了判断成像是否清晰，可先让透镜自左向右逼近成像清晰的区间，待像清晰时，记下透镜位置，再让透镜自右向左逼近，在像清晰时又记下透镜的位置，取这两次读数的平均值作为成像清晰时透镜位置的读数。重复测量 3 次，将数据填于表 2-11-2 中，求平均值。

（3）共轭法

取物屏、像屏距离 $D>4f$，固定物屏和像屏，然后对光学系统进行共轴调节。移动凸透镜，当屏上成清晰的放大实像时，记录凸透镜位置 X_1；移动凸透镜，当屏上成清晰的缩小实像时，记录凸透镜位置 X_2，则两次成像透镜移动的距离为 $d=|X_2-X_1|$。记录物屏和像屏之间距离 D，根据式（2-11-4）求出 f，重复测量 3 次，将数据填于表 2-11-3 中，求出 $\overline{f}$。

3. 测量凹透镜的焦距

（1）辅助透镜成像法

将发光物、凸透镜、像屏按图 2-11-6 中的顺序安放在光具座上。移动发光物位置，相应移动像屏，使物 AB 经凸透镜 L_1 后在屏上出现清晰的缩小实像 A′B′，记录 A′B′的位置

X_0；保持物 AB 和凸透镜 L_1 的位置不变，在 L_1 与 A′B′之间放上待测的凹透镜 L_2，移动 L_2 并同时移动像屏，直至虚物 A′B′（对 L_2 而言）在像屏上清晰地生成放大的实像 A″B″，重复 3 次，将数据填于表 2-11-4 中，记录此时凹透镜的位置 X'_1 和 A″B″的位置。

（2）自准直法

先对光学系统进行共轴调节，然后把凸透镜放在稍大于两倍焦距处。移动凹透镜和平面反射镜，当物屏上出现与原物大小相同的实像时，记下凹透镜的位置读数。然后去掉凹透镜和平面反射镜，放上像屏，用左右逼近法找到 F 点的位置，重复测量 3 次，将数据填于表 2-11-5 中，求出 $\overline{f}$。

数据记录与处理

1. 测量凸透镜焦距（见表 2-11-1 ~ 表 2-11-3）

表 2-11-1　物距像距法　物屏位置 X_0 =________ mm，透镜位置 X_1 =________ mm

（单位：mm）

次数 n	像屏位置 X_2	$V_n = \lvert X_2 - X_1 \rvert$	f	Δf
1				
2				
3				
平均值				

f =________ ± ________ mm，E_f = ________%

表 2-11-2　自准直法　　物屏位置 X_0 =________ mm　（单位：mm）

次数 n	凸透镜位置 X（左→右）	凸透镜位置 X（右→左）	X 的平均值	$f_n = \lvert X - X_0 \rvert$	Δf
1					
2					
3					
		平均值			

f =________ ± ________ mm，E_f = ________%

表 2-11-3　共轭法　　物屏位置 X_0 =____ mm，像屏位置 X_3 =____ mm，$D = \lvert X_3 - X_0 \rvert$ =____ mm

（单位：mm）

次数 n	透镜位置 X_1	透镜位置 X_2	$d = \lvert X_2 - X_1 \rvert$	$f = (D^2 - d^2)/(4D)$	Δf
1					
2					
3					
平均值					

f =________ ± ________ mm，E_f = ________%

2. 测量凹透镜焦距（见表 2-11-4、表 2-11-5）

表 2-11-4　辅助透镜成像法　A′B′位置 X_0 = ____ mm　　（单位：mm）

次数 n	凹透镜位置 X_2	A″B″位置	f	Δf
1				
2				
3				
平均值				

f = ________ ± ________ mm，E_f = ________%

表 2-11-5　自准直法

（单位：mm）

次数 n	凹透镜位置（左→右）	凹透镜位置（右→左）	平均值	F 点位置（左→右）	F 点位置（右→左）	平均值	f_n	Δf
1								
2								
3								
平均值								

f = ________ ± ________ mm，E_f = ________%

分析与思考

1. 从自准直法的光路图（见图 2-11-2），我们知道，物距、像距和焦距三者是相等的，如果把这三个量代入透镜成像公式会出现什么情况？满足薄透镜成像公式吗？请给予解释。

2. 用物距像距法测凸透镜焦距时，常取物距 $l = 2f$，此时测量的相对不确定度误差最小。你能证明这个结论吗？

3. 用共轭法测凸透镜焦距时，为什么必须满足 $d > 4f$ 的条件？试证明之。

实验 11 选读

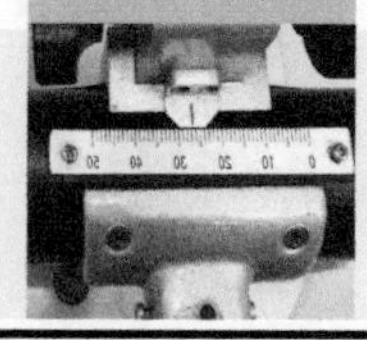

实验 12

等厚干涉——牛顿环

名人轶事

牛顿在光学中的一项重要发现就是“牛顿环”，这是他在进一步考察胡克研究的肥皂泡薄膜的色彩问题时提出来的。

按理说，牛顿环应该是对光的波动性的最好证明之一，可牛顿却从他所推崇的微粒说出发来解释牛顿环的形成。他提出了一个“一阵容易反射，一阵容易透射”的复杂理论。根据这一理论，他认为，“每条光线在通过任何折射面时都要进入某种短暂的状态，这种状态在光线行进过程中每隔一定时间又复原，并在每次复原时倾向于使光线容易透过下一个折射面，而在两次复原之间则很容易被下一个折射面所反射。”他还把每次返回和下一次返回之间所经过的距离称为“阵发的间隔”，并与光的颜色联系起来，认为红色光的间隔最大，紫色光的间隔最小（实际上，牛顿在这里所说的“阵发的间隔”就是波动中所说的“波长”）。至于为什么会这样，牛顿却含糊地说：“至于这是什么作用或倾向，它就是光线的圆周运动或振动，还是介质或别的什么东西的圆周运动或振动，我这里就不去探讨了。”

因此，牛顿虽然发现了牛顿环，并做了精确的定量测定，可以说已经走到了光的波动说的边缘，但由于过分偏爱微粒说，他始终无法正确解释这个现象。事实上，这个实验倒可以成为光的波动说的有力证据之一。直到 19 世纪初，英国科学家托马斯·杨才用光的波动说圆满地解释了牛顿环实验。

在科学研究和工业技术中，经常用到光的干涉法来进行微小长度、厚度和角度的测量，或试件表面的光洁度、球面度以及机械零件内应力的分布等的检验与研究。牛顿环是其中一个典型的例子。

牛顿环是一种分振幅法等厚干涉现象，1675 年由牛顿首先观察到，但由于牛顿推崇光的微粒说而未能对其做出正确的解释。

实验目的

1. 观察光的等厚干涉现象，加深对干涉现象的认识；
2. 掌握读数显微镜的使用方法，并用牛顿环测量平凸透镜的曲率半径；
3. 学习用最小二乘法、逐差法处理实验数据。

实验原理

在一块平滑的玻璃片 B 上，放一曲率半径很大的平凸透镜 A（见图 2-12-1），在 A、B 之间形成一个厚度随直径变化的劈尖形空气薄层。当平行光束垂直照射平凸透镜时，透镜下表面反射的光和玻璃片上表面所反射的光发生干涉（见图 2-12-2），在透镜上表面将呈现出一组明暗相间的干涉条纹，这些干涉条纹是以接触点 O 为中心的同心圆环，称为牛顿环（见图 2-12-3）。

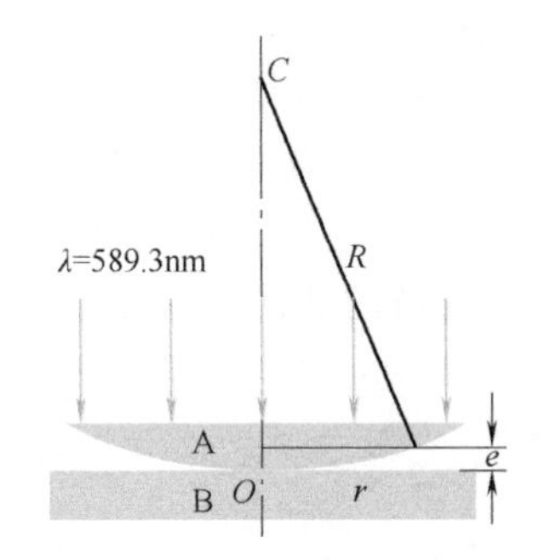

图 2-12-1　牛顿环装置原理图

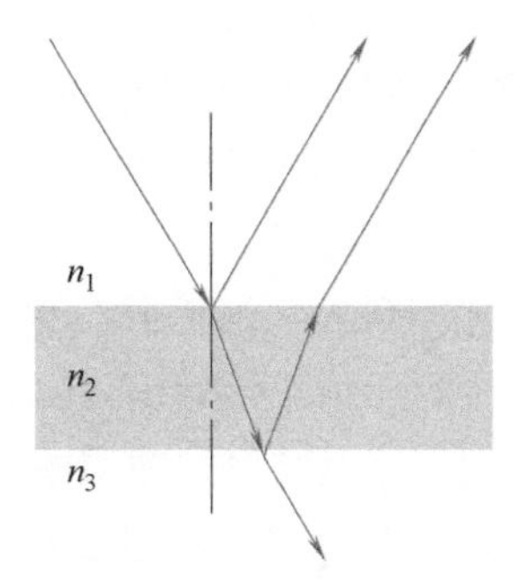

图 2-12-2　等厚干涉光路图

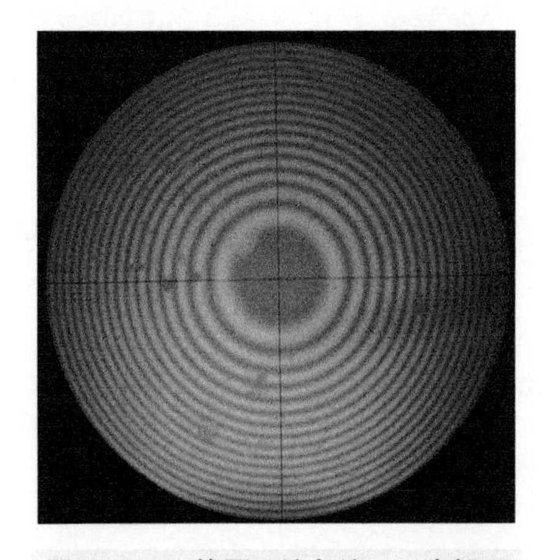
图 2-12-3　等厚干涉条纹——牛顿环

由于产生牛顿环的两束反射光的光程差取决于空气层的厚度，所以牛顿环是一种等厚干涉条纹。

设透镜的曲率半径为 R，与接触点 O 相距为 r 处的空气膜厚度为 e，则两束光的光程差

和产生的条纹分别为

$$\begin{cases}\Delta=2e+\dfrac{\lambda}{2}=m\lambda\ (m=1,\ 2,\ 3,\ \cdots),\ 明环\\ \Delta=2e+\dfrac{\lambda}{2}=(2m+1)\ \dfrac{\lambda}{2}\ (m=0,\ 1,\ 2,\ \cdots),\ 暗环\end{cases} \tag{2-12-1}$$

其中 m 为干涉级数；$\lambda/2$ 是光从空气射向玻璃片反射时产生的半波损失而引起的附加光程差，即光线从光疏介质射向光密介质发生反射时会有大小为 π 的相位突变。

根据图 2-12-1 中的直角三角形，有

$$R^2=(R-e)^2+r^2=R^2-2eR+e^2+r^2$$

由于 $e\ll R$，式中可略去 e^2，从而得到

$$e=\frac{r^2}{2R} \tag{2-12-2}$$

将式（2-12-2）代入式（2-12-1），可求出条纹半径 r 为

$$\begin{cases}r=\sqrt{(2m-1)\ R\lambda/2}\ (m=1,\ 2,\ 3,\ \cdots),\ 明环\\ r=\sqrt{mR\lambda}\ (m=0,\ 1,\ 2,\ \cdots),\ 暗环\end{cases} \tag{2-12-3}$$

由上式可见，暗环半径 r 与环的级数 m 的平方根成正比，所以牛顿环越向外环越密。如果单色光源的波长 λ 已知，测出第 m 级暗环的半径 r_m，就可由上式求出平凸透镜的曲率半径 R，或利用 R 求出波长 λ。

实际上，观察到的牛顿环中心往往是一个不甚清晰的圆形亮（或暗）斑。这是因为当透镜接触玻璃片时，由于接触压力引起玻璃片的弹性形变，使得接触区域并非是理想的接触点而是一个圆面；或是空气间隙层中有尘埃，附加了光程差。因此，无法确定环的干涉级数和几何中心，式（2-12-3）不适合直接使用。

为了避免所数级数不准确造成的影响，我们可以通过测量距中心较远的第 m 和第 n 两个暗环的半径 r_m和 r_n，有

$$r_m^2=mR\lambda,\ r_n^2=nR\lambda$$

两式相减并改变形式，可得

$$R=\frac{r_m^2-r_n^2}{(m-n)\ \lambda} \tag{2-12-4}$$

在实际测量中，由于难以确定环的几何中心，多采用下式进行计算

$$R=\frac{d_m^2-d_n^2}{4\ (m-n)\ \lambda} \tag{2-12-5}$$

式中，d_m、d_n分别为第 m 和第 n 两个暗环的直径。

实验仪器

钠光灯（λ =589.3nm），牛顿环装置，读数显微镜（见图 2-12-4）。

钠光灯

钠光灯是实验室常见的弧光放电灯，它是将金属钠和氩气充入由特种玻璃制成的放电管

图 2-12-4 读数显微镜、牛顿环装置和钠光灯

内而成。电源开启的瞬间，氩气受到电场的激发后发光，使得金属钠被蒸发，最后钠蒸气在管内强电场的作用下发出波长分别为 589.0nm 和 589.6nm 的两种单色黄光。由于这两个波长相距非常近，一般不易区分，因而将 589.3nm 作为钠光灯的波长值。

牛顿环装置

牛顿环装置是将一个平凸透镜凸面向下放置在一个光滑的平板玻璃上，并用金属外壳将其包裹起来而形成的一种光学装置。牛顿环装置上有三颗固定螺钉，用于将金属外壳连接在一起，并可以调节平凸透镜和平板玻璃的接触点位置。使用时注意，不要将螺钉拧得过紧，以免平凸透镜和平板玻璃发生形变甚至损坏。

读数显微镜

读数显微镜的主标尺（见图 2-12-5）分度值为 1mm，对应于读数鼓轮一周的 100 个刻度，即读数鼓轮分度值为 0.01mm，需要估读到 0.001mm。

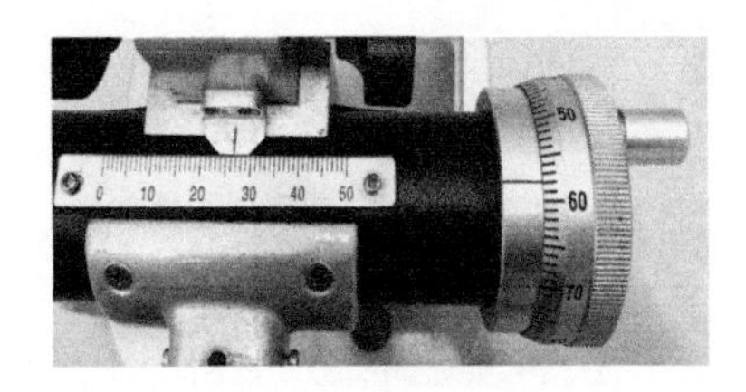

图 2-12-5 读数显微镜的主标尺和读数鼓轮

实验内容

用显微镜观察牛顿环

打开钠光灯预热 5min。调整读数显微镜底座的位置，以便光线射向显微镜物镜下方 45°处的透反镜。将牛顿环装置放置于显微镜物镜下方的玻璃平板上，转动透反镜的方向，使显微镜视野亮度适中。移动牛顿环装置使其圆心部分对准物镜。

调节目镜直至目镜分划板上的十字叉丝成像清晰，并使某一条叉丝与镜筒左右移动方向平行。下移显微镜筒，直到透反镜接近牛顿环装置，然后旋转调焦手轮，缓慢地提升物镜，直到在目镜视野中能看到清晰的、放大了的牛顿环干涉图样。

轻轻移动牛顿环装置的位置，使牛顿环圆心大致对准显微镜的十字叉丝交点。

测量牛顿环直径

转动显微镜读数鼓轮，使显微镜筒由牛顿环中心移向一侧，至目镜内叉丝交点推进到第16条暗环外侧。反向转动读数鼓轮，使叉丝交点退回并依次对准第15，14，…，8，7，6等暗环，记下每次显微镜的位置读数。继续转动读数鼓轮使叉丝交点越过暗环中心，再读出另一侧第6环至第15暗环的位置读数，填入表2-12-1中。

叉丝交点与每一环对准时，若在圆心某一侧与各环内切，在另一侧应外切；或是在两侧都对准暗环条纹的中央，可以消除条纹宽度造成的误差。

数据处理

（1）利用最小二乘法求出 R 值（课堂内用计算机计算，并以此检查实验结果是否正确）；

（2）根据式（2-12-5）用逐差法求出 R。

注意事项

（1）拿取牛顿环装置时，切忌触摸光学平面，如有不洁要用专门的擦镜纸轻轻擦拭；

（2）钠光灯点燃后，直到实验结束再关闭，中途不应随意开关，否则会降低使用寿命；

（3）调节显微镜时，镜筒要自下而上调整，以免损伤透反镜或牛顿环装置；

（4）测量时，显微镜的读数鼓轮只能始终向同一方向旋转，以防止螺距间隙产生回程差。

原始数据记录

表2-12-1　牛顿环数据表

环序 m	显微镜读数/mm		环的半径 r_m/mm	r_m^2/mm^2
	左　方	右　方	$\left\|\dfrac{左方读数-右方读数}{2}\right\|$	
6				
7				
8				
9				
10				
11				
12				
13				
14				
15				

分析与思考

1. 利用透射光观测牛顿环与用反射光观测会有什么区别?

2. 测量暗环直径时,叉丝没有调节到与移动方向平行,因而测量的是弦而非直径,如图 2-12-6 所示,这对实验结果是否有影响?为什么?

3. 为何离中心越远牛顿环的条纹越密?

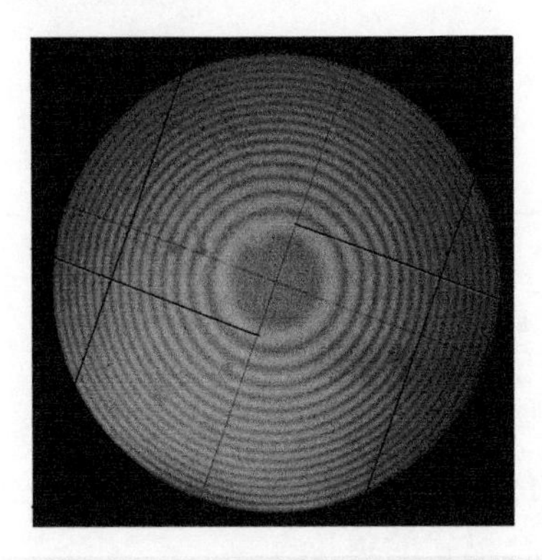

图 2-12-6　叉丝与移动方向不平行

实验 12 选读

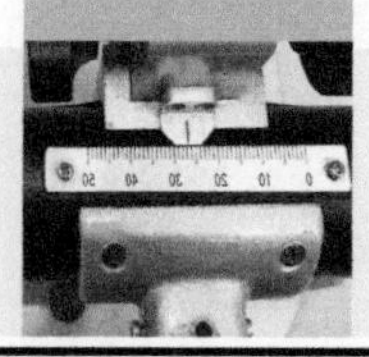

附　　录

附录A　法定计量单位

我国的法定计量单位（以下简称法定单位）包括：

（1）国际单位制的基本单位（见附表 A-1）；

（2）包括国际单位制辅助单位在内的具有专门名称的导出单位（见附表 A-2、附表 A-3）；

（3）可与国际单位制并用的我国法定计量单位（见附表 A-4）；

（4）有以上单位构成的组合形式的单位；

（5）由词头和以上单位构成的十进倍数和分数单位（见附表 A-5）。

附表 A-1　国际单位制的基本单位

量的名称	单位名称	单位符号
长度	米	m
质量	千克（公斤）	kg
时间	秒	s
电流	安［培］	A
热力学温度	开［尔文］	K
物质的量	摩［尔］	mol
发光强度	坎［德拉］	cd

附表 A-2　国际单位制的辅助单位

量的名称	单位名称	单位符号
平面角	弧度	rad
立体角	球面度	sr

附表 A-3　国际单位制中具有专有名词的导出单位

量的名称	单位名称	单位符号	其他表示示例
频率	赫［兹］	Hz	s^{-1}
力；重力	牛［顿］	N	$kg \cdot m/s^2$
压力；压强；应力	帕［斯卡］	Pa	N/m^2

（续）

量的名称	单位名称	单位符号	其他表示示例
能量；功；热量	焦［耳］	J	N·m
功率；辐射通量	瓦［特］	W	J/s
电荷量	库［仑］	C	A·s
电位；电压；电动势	伏［特］	V	W/A
电容	法［拉］	F	C/V
电阻	欧［姆］	Ω	V/A
电导	西［门子］	S	A/V
磁通量	韦［伯］	Wb	V·s
磁通量密度，磁感应强度	特［斯拉］	T	Wb/m^2
电感	亨［利］	H	Wb/A
摄氏温度	摄氏度	℃	
光通量	流［明］	lm	cd·sr
光照度	勒［克斯］	lx	lm/m^2
放射性活度	贝可［勒尔］	Bq	s^{-1}
吸收剂量	戈［瑞］	Gy	J/kg
剂量当量	希［沃特］	Sv	J/kg

附表 A-4　我国法定计量单位

量的名称	单位名称	单位符号	换算关系和说明
时间	分	min	1min = 60s
	［小］时	h	1h = 60min = 3600s
	天，（日）	d	1d = 24h = 86400s
平面角	［角］秒	（″）	1″ = (π/648000) rad
	［角］分	（′）	1′ = 60″ = (π/10800) rad
	度	（°）	1° = 60′ = (π/180) rad
旋转速度	转每分	r/min	$1r/min = (1/60)\ s^{-1}$
长度	海里	n mile	1n mile = 1852m（只用于航程）
速度	节	kn	1kn = 1n mile/h = (1852/3600) m/s（只用于航行）
质量	吨	t	$1t = 10^3 kg$
	原子质量单位	u	$1u \approx 1.6605655 \times 10^{-27} kg$
体积	升	L，(l)	$1L = 1dm^3 = 10^{-3}\ m^3$
能	电子伏	eV	$1eV \approx 1.6021892 \times 10^{-19} J$
级差	分贝	dB	
线密度	特［克斯］	tex	1tex = 1g/km
土地面积	公顷	hm^2	$1hm^2 = 10^4 m^2$

附表 A-5 国际单位制词头

所表示的因数	词头名称	符号	所表示的因数	词头名称	符号
10^{18}	艾［可萨］(exa)	E	10^{-1}	分(deci)	d
10^{15}	拍［它］(peta)	P	10^{-2}	厘(centi)	c
10^{12}	太［拉］(tera)	T	10^{-3}	毫(milli)	m
10^{9}	吉［咖］(gitga)	G	10^{-6}	微(micro)	μ
10^{6}	兆(mega)	M	10^{-9}	纳［诺］(nano)	n
10^{3}	千(kilo)	k	10^{-12}	皮［可］(pico)	p
10^{2}	百(hecto)	h	10^{-15}	飞［姆托］(femto)	f
10^{1}	十(deca)	da	10^{-18}	阿［托］(atto)	a

附录B 常用物理数据

附表 B-1 常用基本物理常量表

物理量	符号	数值		不确定度
		计算用值	最佳值	$(\times10^{-6})$
真空中的光速	c	3.00×10^{8}m/s	2.99 792 458m/s	(精确)
真空磁导率	μ_0	$4\pi\times10^{-7}$H/m	$12.566\ 370\ 614\times10^{-7}$H/m	(精确)
真空电容率	ε_0	8.85×10^{-12}F/m	$8.854\ 187\ 817\times10^{-12}$F/m	(精确)
万有引力常量	G	$6.67\times10^{-11}\mathrm{N\cdot m^2/kg^2}$	$6.672\ 59\ (85)\times10^{-11}\mathrm{N\cdot m^2/kg^2}$	128
普朗克常量	h	$6.63\times10^{-34}\mathrm{J\cdot s}$	$6.626\ 075\ 5\ (40)\times10^{-34}\mathrm{J\cdot s}$	0.60
	$\hbar$	$1.05\times10^{-34}\mathrm{J\cdot s}$	$1.054\ 572\ 66\ (63)\times10^{-34}\mathrm{J\cdot s}$	0.60
阿伏伽德罗常量	N_A	6.022×10^{23}/mol	$6.022\ 136\ 7\ (36)\times10^{23}$/mol	0.59
摩尔气体常量	R	8.31J/(mol·K)	8.314 510 (70)J/(mol·K)	8.4
玻耳兹曼常量	k	1.38×10^{-23}J/K	$1.380\ 658\ (12)\times10^{-23}$J/K	8.4
斯特藩-玻耳兹曼常量	σ	$5.67\times10^{-8}\mathrm{W/(m^2\cdot K^4)}$	$5.670\ 51\ (19)\times10^{-8}\mathrm{W/(m^2\cdot K^4)}$	34
维恩位移定律常量	b	$2.897\times10^{-3}\mathrm{m\cdot K}$	$2.897\ 756\ (24)\times10^{-3}\mathrm{m\cdot K}$	8.4
摩尔体积(理想气体，T=273.15K，p=101325Pa)	V_m	$22.4\times10^{-3}\mathrm{m^3/mol}$	$22.414\ 10\ (19)\times10^{-3}\mathrm{m^3/mol}$	8.4
元电荷	e	1.60×10^{-19}C	$1.602\ 177\ 33\ (49)\times10^{-19}$C	0.30
电子质量	m_e	9.11×10^{-31} kg	$9.109\ 389\ 7\ (54)\times10^{-31}$ kg	0.59
质子质量	m_p	1.67×10^{-27} kg	$1.672\ 623\ 1\ (10)\times10^{-27}$ kg	0.59
中子质量	m_n	1.67×10^{-27} kg	$1.674\ 928\ 6\ (10)\times10^{-27}$ kg	0.59
经典电子半径	r_e	2.82×10^{-15} m	$2.817\ 940\ 92\times10^{-15}$ m	0.13
玻尔半径	a_0	5.29×10^{-11} m	$5.291\ 772\ 49\times10^{-11}$ m	0.045

（续）

物理量	符号	数值		不确定度
		计算用值	最佳值	$(\times 10^{-6})$
电子比荷	e/m_e	1.76×10^{11} C/kg	$1.758\ 819\ 62\ (53)\times10^{11}$ C/kg	0.30
康普顿波长	λ_C	2.43×10^{-12} m	$2.426\ 310\ 58\ (22)\times10^{-12}$ m	0.089
磁通量子，$h/(2e)$	Φ	2.07×10^{-15} Wb	$2.067\ 834\ 61\ (61)\times10^{-15}$ Wb	0.30
玻尔磁子，$e\hbar/(2m_e)$	μ_B	9.27×10^{-24} J/T	$9.274\ 015\ 4\ (31)\times10^{-24}$ J/T	0.34
核磁子，$e\hbar/(2m_p)$	μ_N	5.05×10^{-27} J/T	$5.050\ 786\ 6\ (17)\times10^{-27}$ J/T	0.34
里德伯常量	R_∞	1.097×10^{7}/m	$1.097\ 373\ 153\ 4\ (13)\times10^{7}$/m	0.0012
原子（统一）质量单位，原子质量常量	m_u	1.66×10^{-27} kg $931.5\text{MeV}/c^2$	$1.660\ 540\ 2\ (10)\times10^{-27}$ kg	0.59
1埃	Å	$1\text{Å}=1\times10^{-10}$m		
1光年	l. y.	$1\text{l. y.}=9.46\times10^{15}$ m		
1电子伏（特）	eV	$1\text{eV}=1.602\times10^{-19}$ J	$1.602\ 177\ 33\times10^{-19}$ J	0.30
1特（斯拉）	T	$1\text{T}=1\times10^{4}$ G		
热功当量	J	4.186J/cal		
标准大气压	p_0	101325Pa		
冰点绝对温度	T_0	273.15K		
标准状态下声音在空气中的速度	v_0	331.46m/s		
钠光谱中黄线波长	λ_{Na}	589.3×10^{-9}m		
镉光谱中红线波长	λ_{Cd}	643.84696×10^{-9}m		

附表 B-2　在20℃时常用固体和液体的密度

物质	密度ρ/(kg/m^3)	物质	密度ρ/(kg/m^3)
铝	2698.9	水晶玻璃	2900～3000
铜	8960	窗玻璃	2400～2700
铁	7874	冰（0℃）	880～920
银	10500	甲醇	792
金	19320	乙醇	789.4
钨	19300	乙醚	714
铂	21450	汽车用汽油	710～720
铅	11350	氟利昂-12（氟氯烷-12）	1329
锡	7298	变压器油	840～890
汞	13546.2	甘油	1260
钢	7600～7900	蜂蜜	1435
石英	2500～2800		

附表 B-3　在海平面上不同纬度处的重力加速度

纬度 φ（°）	重力加速度 g/(m/s^2)	纬度 φ（°）	重力加速度 g/(m/s^2)
0	9.78049	50	9.81079
5	9.78088	55	9.81515
10	9.78204	60	9.81924
15	9.78394	65	9.82294
20	9.78652	70	9.82614
25	9.78969	75	9.82873
30	9.79338	80	9.83065
35	9.79746	85	9.83182
40	9.80180	90	9.83221
45	9.80629		

注：表中所列数值是根据公式 $g=9.78049\,[1+0.005288\sin^2\varphi-0.000006\sin^2(2\varphi)]$ 算出，其中 φ 为纬度。

附表 B-4　不同温度时水的黏度

温度 t/℃	黏度 η/(μPa·s)	温度 t/℃	黏度 η/(μPa·s)
0	1787.8	60	469.7
10	1305.3	70	406.0
20	1004.2	80	355.0
30	801.2	90	314.8
40	653.1	100	282.5
50	549.2		

附表 B-5　液体的黏度

液　体	温度 t/℃	黏度 η/(μPa·s)	液体	温度 t/℃	黏度 η/(μPa·s)
汽油	0	1788	葵花子油	20	50000
	18	530	甘油	−20	1.34×10^8
乙醇	−20	2780		0	1.21×10^8
	0	1780		20	1.449×10^6
	20	1190		100	12945
甲醇	0	817	蜂蜜	20	6.50×10^6
	20	584		80	1.00×10^5
乙醚	0	296	鱼肝油	20	45600
	20	243		80	4600
变压器油	20	19800	蓖麻油	0	5.30×10^6
汞	−20	1855		10	2.42×10^6
	0	1685		20	0.986×10^6
	20	1554		30	0.451×10^6
	100	1224		40	0.230×10^6

附表 B-6　在20℃时某些金属的弹性模量

金　属	弹性模量 $E/(N/m^2)$	金　属	弹性模量 $E/(N/m^2)$
铝	$(7.000 \sim 7.100)\times10^{10}$	银	$(7.000 \sim 8.200)\times10^{10}$
钨	4.150×10^{11}	锌	8.000×10^{10}
铁	$(1.900 \sim 2.100)\times10^{11}$	镍	2.050×10^{11}
铜	$(1.050 \sim 1.300)\times10^{11}$	碳钢	$(2.000 \sim 2.100)\times10^{11}$
金	7.900×10^{10}	康铜	1.630×10^{11}

注：弹性模量与材料结构、化学成分及加工制造方法有关，因此在某些情况下 E 值可能与表中所列的平均值不同。

附表 B-7　水在不同温度下的饱和蒸气压

t/℃	p_s/mmHg	t/℃	p_s/mmHg	t/℃	p_s/mmHg	t/℃	p_s/mmHg
0	4.58	11	9.84	22	19.83	33	37.75
1	4.93	12	10.52	23	21.07	34	39.90
2	5.29	13	11.23	24	22.38	35	42.18
3	5.69	14	11.99	25	23.76	36	44.56
4	6.10	15	12.79	26	25.21	37	47.07
5	6.54	16	13.69	27	26.74	38	49.69
6	7.01	17	14.53	28	28.35	39	52.44
7	7.51	18	15.48	29	30.04	40	55.32
8	8.05	19	16.48	30	31.82	41	58.34
9	8.61	20	17.54	31	33.70	42	61.50
10	9.21	21	18.65	32	35.66	43	64.80

附表 B-8　某些材料的热导率

物　质	温度/K	热导率/[W/(m·K)]	物　质	温度/K	热导率/[W/(m·K)]
钛	273	0.20×10^2	硼硅酸玻璃	273	1.0
锌	273	1.20×10^2	软木	273	0.03
锆	273	0.21×10^2	毡	303	0.05
黄铜	273	1.20×10^2	玻璃纤维	323	0.04
锰铜	273	0.22×10^2	云母	373	0.072
康铜	273	0.22×10^2	岩面	300	1.0 ~ 2.5
不锈钢	273	0.14×10^2	橡胶	298	0.16
镍铬合金	273	0.11×10^2	木材	300	0.04 ~ 0.35

附表 B-9　固体的比热容

物质	温度/℃	比热容 kcal/(kg·K)	比热容 kJ/(kg·K)	物质	温度/℃	比热容 kcal/(kg·K)	比热容 kJ/(kg·K)
铝	20	0.214	0.895	镍	20	0.115	0.481
铜	20	0.092	0.385	银	20	0.056	0.234
黄铜	20	0.0917	0.380	钢	20	0.107	0.447
铂	20	0.032	0.134	锌	20	0.093	0.389
生铁	0~100	0.13	0.54	玻璃		0.14~0.22	0.585~0.920
铁	20	0.115	0.481	冰	-40~0	0.43	1.797

注：1kcal/(kg·K)=4.184kJ/(kg·K)。

附表 B-10　液体的比热容

物质	温度/℃	比热容 kcal/(kg·K)	比热容 kJ/(kg·K)	物质	温度/℃	比热容 kcal/(kg·K)	比热容 kJ/(kg·K)
乙醇	0	2.30	0.55	氟利昂-12	20	0.84	0.20
	20	2.47	0.59	变压器油	0~100	1.88	0.45
甲醇	0	2.43	0.58	汽油	10	1.42	0.32
	20	2.47	0.59		50	2.09	0.50
乙醚	20	2.34	0.56	汞	0	0.1465	0.0350
水	0	4.220	1.009		20	0.1390	0.0332
	20	4.179	0.999	甘油	18	2.427	0.58

注：1kcal/(kg·K)=4.184kJ/(kg·K)。

附录C　原始数据记录

实验1　物体密度的测定

姓名：________　学号：________________　班级：________　座号：________

原始数据与数据处理

指导教师签字：

分析与讨论

批阅教师签字：

实验2　用单摆测量重力加速度

姓名：________　学号：________________　班级：________　座号：________

原始数据与数据处理

表2-2-1　不同摆长 l，在 $\theta<5°$的情况下，摆动20次的时间

摆长 l/cm	60.00	70.00	80.00	90.00	100.00	110.00
t_1/s						
t_2/s						
t_3/s						
$\bar{t}$/s						
周期 T/s						
T^2/s^2						

表2-2-2　不同摆角对应的周期 T

摆角 θ（°）	2	5	10	15	20	25	30
t/s							
周期 T/s							
摆角 θ（°）	35	40	45	50	55	60	65
t/s							
周期 T/s							

指导教师签字：

分析与讨论

批阅教师签字：

实验3　多普勒效应实验

姓名：________　学号：__________________　班级：________　座号：________

原始数据与数据处理

表2-3-1　多普勒效应的验证与声速的测量　t_c =____℃，f_0 =____Hz

测量数据						直线斜率 k/m^{-1}	声速测量值 $u=f_0/k/(m \cdot s^{-1})$	声速理论值 $u_0/(m \cdot s^{-1})$	百分误差 $(u-u_0)/u_0(\%)$
次数 i	1	2	3	4	5				
$v/(m \cdot s^{-1})$									
f_i/Hz									

用作图法或线性回归法计算 f- v 关系直线的斜率 k，由 k 计算声速 u 并与声速的理论值比较，声速理论值由 $u_0=331(1+t_c/273)^{1/2}(m \cdot s^{-1})$ 计算，t_c 表示室温。

指导教师签字：

分析与讨论

批阅教师签字：

实验 4　简谐振动与弹簧劲度系数的测量

姓名：________　学号：________________　班级：________　座号：________

原始数据与数据处理

表 2-4-1　用焦利秤测定弹簧的劲度系数

i	0	1	2	3	4	5	6	7	8	9
载荷 m_i/g	0.5	1.0	1.5	2.0	2.5	3.0	3.5	4.0	4.5	5.0
标尺读数 y_i^+/mm										
标尺读数 y_i^-/mm										
$\overline{y_i}=\frac{y_i^+ + y_i^-}{2}$/mm										
加 2.5g 标尺读数变化 y_{mi}/mm	$y_{m1}=\overline{y}_5-\overline{y}_0$ =		$y_{m2}=\overline{y}_6-\overline{y}_1$ =		$y_{m3}=\overline{y}_7-\overline{y}_2$ =		$y_{m4}=\overline{y}_8-\overline{y}_3$ =		$y_{m5}=\overline{y}_9-\overline{y}_4$ =	
平均值 $\overline{y}_m=\frac{1}{5}\sum_{i=1}^{5}y_{mi}=$										

指导教师签字：

分析与讨论

批阅教师签字：

实验5　用气垫摆测量转动惯量

姓名：________　学号：________________　班级：________　座号：________

原始数据与数据处理

表 2-5-1　实验数据表一　　（单位：s）

物体	摆轮	摆轮 + 圆环	摆轮 + 飞机模型	摆轮 + 两圆柱
时间 t/s 次序	t_0（即 $20T_0$）	t_1（即 $20T_1$）	t_2（即 $20T_2$）	t_3（即 $20T_3$）
1				
2				
3				
4				
5				
6				
$\bar{t}$	$\bar{t}_0$ =	$\bar{t}_1$ =	$\bar{t}_2$ =	$\bar{t}_3$ =
$\overline{T}$	$\overline{T}_0$ =	$\overline{T}_1$ =	$\overline{T}_2$ =	$\overline{T}_3$ =

表 2-5-2　实验数据表二

次序		1	2	3	4	5	6	平均
圆柱	直径 d/cm							
	距离 x/cm							
圆环	$d_{内}$/cm							
	$d_{外}$/cm							
质量	圆环 m_1/g							
	圆柱 m_3/g							

指导教师签字：

分析与讨论

批阅教师签字：

实验6　电阻元件伏安特性的测量

姓名：________　学号：________________　班级：________　座号：________

原始数据与数据处理

表2-6-1　电阻伏安特性测量实验数据表

	$R_{x1}=100\Omega$					$R_{x2}=10k\Omega$				
N	1	2	3	4	5	1	2	3	4	5
I/mA										
U/V										
R/Ω										

表2-6-2　小灯泡伏安特性测量实验数据表

N	1	2	3	4	5	6	7	8	9	10
I/mA										
U/V										
R/Ω										

指导教师签字：

分析与讨论

批阅教师签字：

实验7　电桥测电阻

姓名：________　学号：________________　班级：________　座号：________

原始数据与数据处理

（1）粗测电阻。

用数字万用表分别粗测未知电阻 R_x 及两个电阻的并联电阻 $R_{并}$，注意合理选择量程和正确表达测量结果。

$R_x =$ ________ Ω，$R_{并} =$ ________ Ω

（2）用滑线式惠斯通电桥测量上述电阻 R_x。

表 2-7-1　滑线式电桥测电阻实验数据表

	R_2	R'_2	$\overline{R}_x = \sqrt{R_2 R'_2}$
R/Ω			

（3）用 QJ23 型箱式惠斯通电桥测量上述电阻 R_x 和 $R_{并}$。

表 2-7-2　QJ23 型箱式惠斯通电桥测电阻实验数据表

	倍率 M	比较臂电阻 R_4	$R_x = MR_4$
R/Ω			
$R_{并}/\Omega$			

指导教师签字：

分析与讨论

批阅教师签字：

实验8 示波器的使用

姓名：________ 学号：________________ 班级：________ 座号：________

原始数据与数据处理

表2-8-2 正弦电压的相关数据表

V_{P-P}	f_s	V/DIV	D_y	V'_{P-P}	V'_s	TIME/DIV	n	D_x	T'_s	f'_s
6.0V	500Hz									

表2-8-3 李萨如图形的相关数据表 $f_x = 500\text{Hz}$

李萨如图形					
N_x					
N_y					
f_y					

指导教师签字：

分析与讨论

批阅教师签字：

实验 9　密立根油滴实验

姓名：________ 学号：________________ 班级：________ 座号：________

原始数据与数据处理

表 2-9-1　油滴参数及计算结果数据表

i	U/V	t/s	q_i/($\times 10^{-19}$C)	n	e_i/($\times 10^{-19}$C)	$\bar{e}$/($\times 10^{-19}$C)	E（%）
1							
2							
3							
4							
5							

i	U/V	t/s	q_i/($\times 10^{-19}$C)	n	e_i/($\times 10^{-19}$C)	$\bar{e}$/($\times 10^{-19}$C)	E（%）
1							
2							
3							
4							
5							

i	U/V	t/s	q_i/($\times 10^{-19}$C)	n	e_i/($\times 10^{-19}$C)	$\bar{e}$/($\times 10^{-19}$C)	E（%）
1							
2							
3							
4							
5							

指导教师签字：

分析与讨论

批阅教师签字：

实验 10　物体热导率的测定

姓名：________　学号：________________　班级：________　座号：________

原始数据与数据处理

表 2-10-1　铜盘在 T_2 附近自然冷却时的温度示值

环境温度____ ℃

稳态时的温度示值			高温 T_1 = ________℃				低温 T_2 = ________℃			
次序	1	2	3	4	5	6	7	8	9	10
时间 t/s										
温度示值 T/℃										

表 2-10-2　几何尺寸和质量的测量

次　序		1	2	3	4	5	6	平均
样品盘 B	厚度 h_B/cm							
	直径 d_B/cm							
散热铜盘 C	厚度 h_C/cm							
	直径 d_C/cm							
	质量 m/g							

指导教师签字：

分析与讨论

批阅教师签字：

实验 11　薄透镜焦距的测定

姓名：________　学号：________________　班级：________　座号：________

原始数据与数据处理

1. 测量凸透镜焦距

表 2-11-1　物距像距法　物屏位置 X_0 =________ mm，透镜位置 X_1 =________ mm

（单位：mm）

次数 n	像屏位置 X_2	$V_n = \|X_2 - X_1\|$	f	Δf
1				
2				
3				
平均值				

f = ±____ mm，E_f =____%

表 2-11-2　自准直法　物屏位置 X_0 =________ mm　（单位：mm）

次数 n	凸透镜位置 X（左→右）	凸透镜位置 X（右→左）	X 的平均值	$f_n = \|X - X_0\|$	Δf
1					
2					
3					
平均值					

f = ±____ mm，E_f =____%

表 2-11-3　共轭法　物屏位置 X_0 =______ mm，像屏位置 X_3 =______ mm，$D = \|X_3 - X_0\|$ =______ mm

（单位：mm）

次数 n	透镜位置 X_1	透镜位置 X_2	$d = \|X_2 - X_1\|$	$f = (D^2 - d^2)/(4D)$	Δf
1					
2					
3					
平均值					

f = ±____ mm，E_f =____%

2. 测量凹透镜焦距

表 2-11-4 辅助透镜成像法 A′B′位置 X_0 = ________ mm （单位：mm）

次数 n	凹透镜位置 X_2	A″B″位置	f	Δf
1				
2				
3				
平均值				

f = ± ____ mm，E_f = ____%

表 2-11-5 自准直法 （单位：mm）

次数 n	凹透镜位置（左→右）	凹透镜位置（右→左）	平均值	F 点位置（左→右）	F 点位置（右→左）	平均值	f_n	Δf
1								
2								
3								
平均值								

f = ± ____ mm，E_f = ____%

指导教师签字：

分析与讨论

批阅教师签字：

实验 12 等厚干涉——牛顿环

姓名：________ 学号：________________ 班级：________ 座号：________

原始数据与数据处理

表 2-12-1 牛顿环数据表

环序 m	显微镜读数/mm		环的半径 r_m/mm	r_m^2/mm^2
	左方	右方	$\left\lvert\frac{\text{左方读数}-\text{右方读数}}{2}\right\rvert$	
6				
7				
8				
9				
10				
11				
12				
13				
14				
15				

指导教师签字：

分析与讨论

批阅教师签字：